教職員、教職をめざす学生、
そしてご家庭のみなさんへ

身のまわりの自然
ちょっぴりくわしく
見てみよう

目次

表紙／ギフチョウとカタクリ

裏表紙／卵を産むギフチョウ

写真／岩崎一照

はじめに

この本は教育出版文化協会の月刊誌「母と子ども」に平成元年4月から3年3月まで連載された「身のまわりの自然ちょっぴりくわしく見てやろう」の中の19点（1～19）を一部加筆修正して発行順に、そして、新しく3点（20～22）を付け加えて所収したものです。

今回の発刊にあたり、～教職員、教職をめざす学生、そしてご家庭のみなさんへ～というサブタイトルをつけました。

現在、子どもたちの自然離れとか理科離れとかが取りざたされていますが、本当にそうでしょうか。私は違うと思います。子どもたちを取り巻く教職員やご家庭の親さん方が、子どもたちを身のまわりの自然の中に連れていくことがおろそかになっていないでしょうか。

私はこれまで、小学校、中学校、教職員研修、自然の家、そして、現在の大学で多くの自然の観察や生き物の紹介をしてきました。

その中で、「身のまわりにはたくさんの自然の素晴らしさがありますね」、「自然の観察って意外と簡単にできるのですね」、「生き物にこんな不思議があるなんて知らなかった」、「久しぶりに自然の観察をして楽しかった」など、多くの感動の言葉をいただきました。

読者のみなさん、ぜひ、本書で紹介した自然の中に一歩でも足を踏み入れて観察したり、変化を楽しんだりしてください。

なお、この本は「読むだけの本」ではありません。読者のみなさんが実際に身のまわりの自然の中で観察し、撮影やスケッチしたものを添付したり、レポートを書き込んだりするページも設けています。一つ一つの紹介の中に、「気付いたことをメモしておこう」の欄もつくってあり、まさに、あなた自身の「手づくり図鑑」にもなるのです。

今の時代、みなさんのまわりには、この話を書き始めた30年以上も前とは違って、インターネットなどの情報がたくさんあります。本書掲載の生き物なども含めて、生き物の名前やキーワードを入れて検索すれば、詳しい説明や写真を手に入れることができます。積極的に調べていただいて、気付いたことや分かったことなどをこの本のいろいろな部分に付け加え、あなた自身のすてきな「手づくり図鑑」をつくっていただければ幸いです。

そして、教職員の方には、ご自分の職場の子どもに、学生の方は将来受け持つ子どもに、ご家庭のみなさんには、自分のまわりにいる子どもに、ご自分の「手づくり図鑑」を使って、身のまわりの自然をちょっぴりくわしく見せてあげてほしいと心から願っています。

小椋　郁夫

1　ダンゴムシの巻（1）

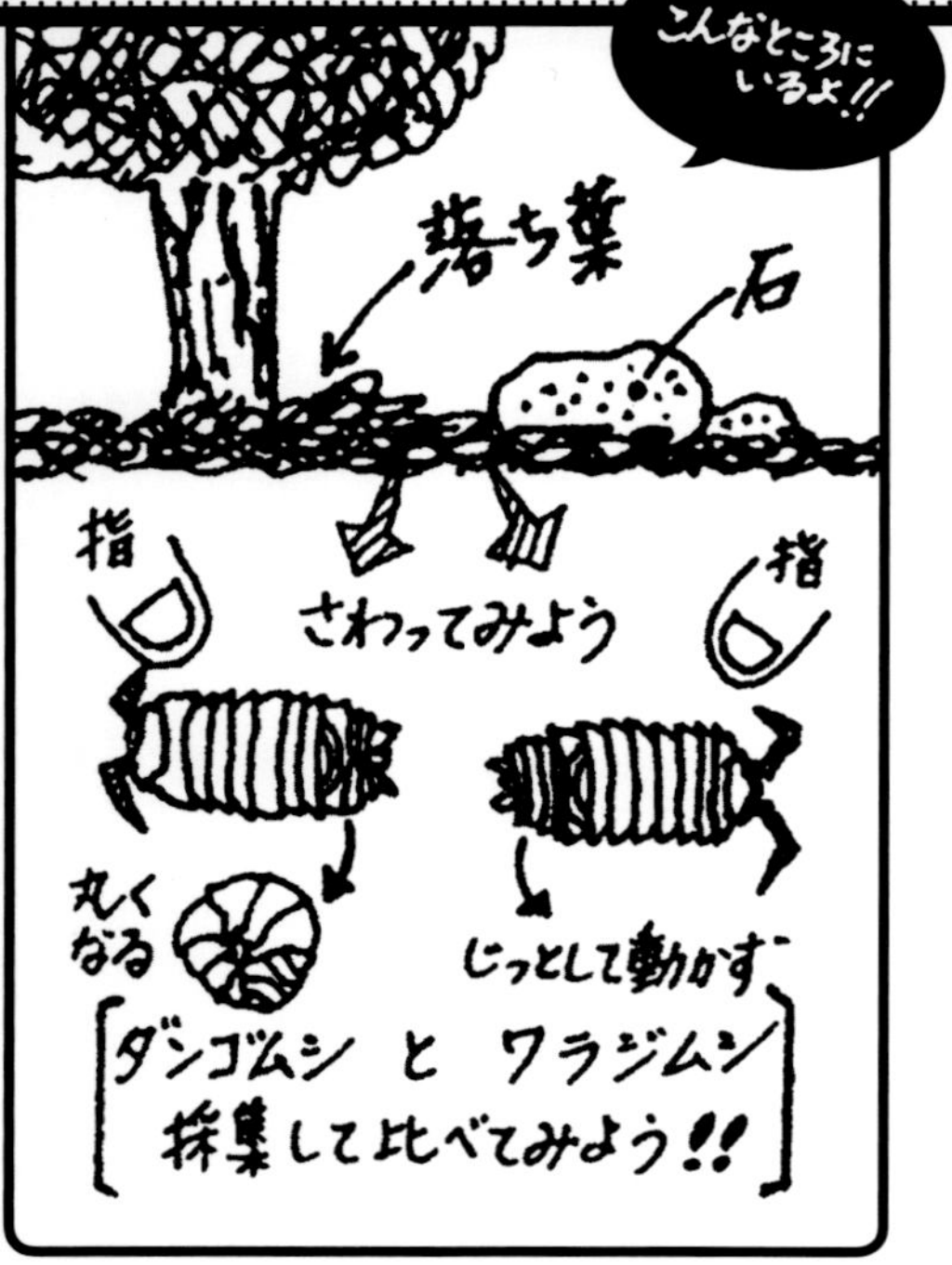
こんなところにいるよ!!
落ち葉
石
指
さわってみよう
指
丸くなる
じっとして動かず
［ダンゴムシ と ワラジムシ
採集して比べてみよう!!］

落ち葉の中や枯れた木の下、ブロックの穴の中や石の下、そんなところをのぞいてみると、長さが1〜2cmの灰色の動物を見つけることができるでしょう。

　さわると玉のように丸くなることから、タマムシとかマルムシとも呼ばれ、だれでも遊んだことのある動物。これが今回の主人公のダンゴムシです。

　ダンゴムシは、後で紹介するワラジムシとともに、エビやカニと同じ仲間（甲殻類といいます）です。そして、その中でも、完全に陸上生活ができるようになった変わり種なのです。

「先生、
このダンゴムシ
ちっとも丸く
ならないよ！」

　小学校5年生のマサシさんは、ある日、こう言って私のところにやってきました。見てみるとマサシさんがどれだけ指で突っついても、動きをやめるだけで丸くなりません。

　からだの色が、少し茶色っぽいところ以外、ダンゴムシにそっくりです。みなさんは見つけたことがありますか。

　実はこれ、ワラジムシというのです。どうしてこのような名前がつけられたのでしょうね。ダンゴムシと比べて、似ているところや違っているところをたくさん見つけてみましょう。

ダンゴムシを飼って　ダンゴムシと仲良しになろう

マサシさんは、左の図のような飼育箱でダンゴムシを飼っています。

ダンゴムシは、湿り気と光に気を付ければ、飼育しやすい動物です。

飼育箱は、次のように作ります。

作り方

① 水そうに土、落ち葉の順に入れて深さ10cmくらいにする
② 落ち葉の上に石や枯れ木などを置く
③ ガラスでふたをする

落ち葉は、くさりかけている方がすみやすく、食べ物としては適当です。時々さわって湿り気を調べましょう。そして、「**かわいてるなぁ**」と思ったら、すぐに水で湿らせましょう。

ダンゴムシは、湿り気の他に暗い場所を好むので、飼育箱は、日かげに置くと良いでしょう。暗くなってから、そっとのぞいてみると、石や枯れ葉のまわりで散歩している姿を見ることができるでしょう。

アレーッ？半分だけ皮を脱いでるよ

5月のある日、マサシさんは、
ダンゴムシで遊ぼうと
飼育箱の落ち葉をめくりました。
するとそこには、
甲皮（外のかたい殻のことです）を
脱ぎ始めているダンゴムシがいました。
その時の様子をマサシさんは、
次のようにお話ししてくれました。

飼育箱の落ち葉をめくったら、
白っぽくなったダンゴムシのからだが、
真ん中から脱げかけていました。
よく見ると、
白い皮が少しずつ下の方に脱げて、
中の灰色のところが見えてきました。
40分くらいして下半分が脱げました。
脱げたところは、はじめはシワシワでしたが、
少したったらのびてきました。
のび終わると、さっき脱いだ皮を食べ始め、
全部食べてしまいました。
前半分はいつ脱ぐのかなあと思って、
それから1時間くらい観察していましたが、
見ることができませんでした。

甲皮を脱ぐことを脱皮といいます。暖かくなると脱皮を始め、脱皮するごとに大きくなります。

脱皮のしかたは、マサシさんの話のようにからだの半分ずつ行います。始めに下半分、約1日後に上半分をそれぞれ1時間くらいかけて脱ぎます。脱いだ皮を食べることは、甲皮を強くするための大切な仕事です。

小さい頃のダンゴムシは、脚は6対です。3回目の脱皮から7対見えてきます。また、卵を産む頃のメスは、2~3回の脱皮を繰り返し、卵を育てるところをつくり直します。

飼育して、いろいろな様子を観察してみましょう。

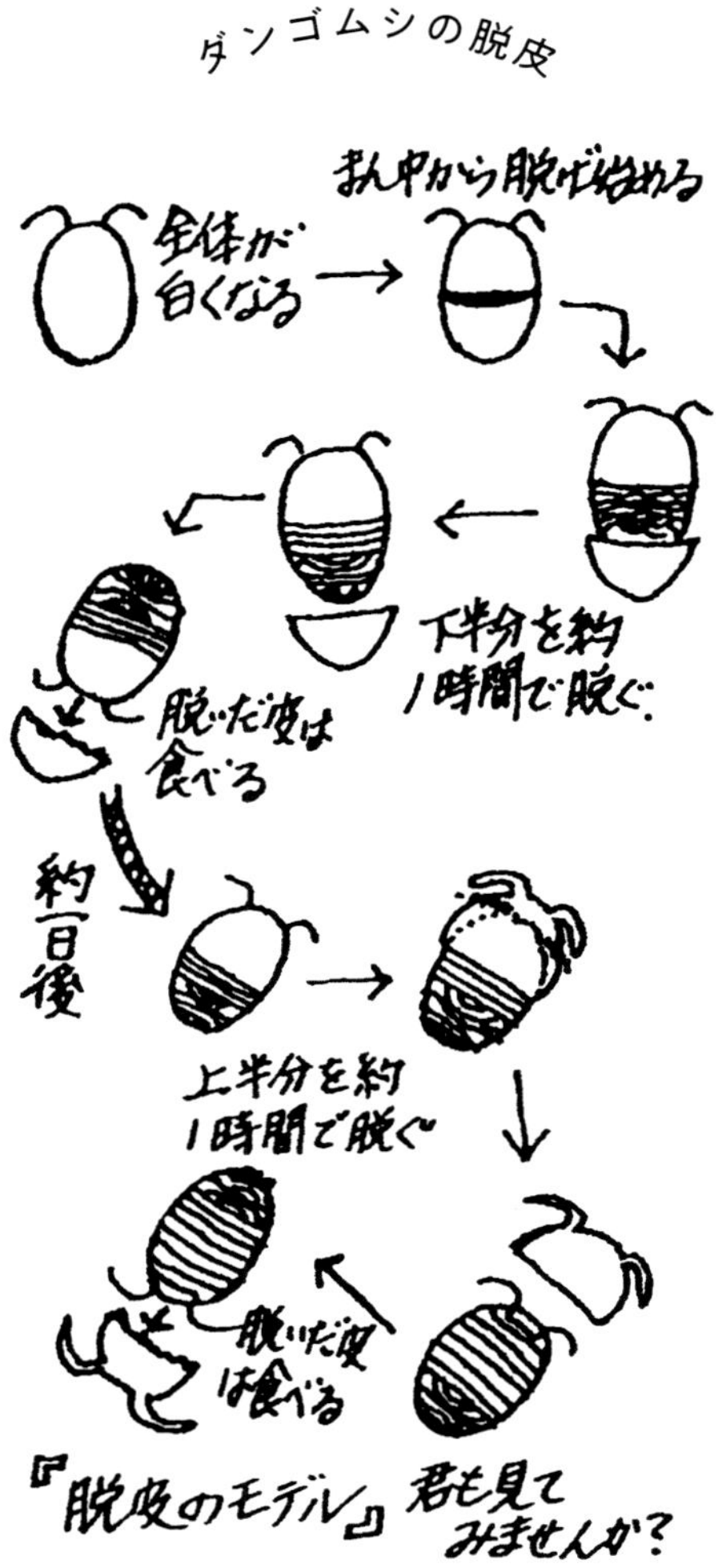

気付いたことをメモしておこう

2―ダンゴムシの巻(2)

ダンゴムシのスケッチをして新しい発見をしましょう

生き物をくわしく見るためには、スケッチをすることが大切です。その時、次のことに気を付けて見ましょう。

スケッチのポイント

①いろいろな方向から見たスケッチをすること
②スケッチに気が付いたことを付け加えること
③別の生き物と比べてスケッチすること

ヒロミさんは、ダンゴムシとワラジムシを比べて、左の図のようなスケッチをしました。

上と下からスケッチをしたので、関節の様子、触角や脚の付き方など、多くのことが分かりました。また、ワラジムシと比べることから、からだの形や各部分の大きさなどがよく分かりました。そして、矢印を上手に使って、ワラジムシと共通した特徴と片方だけの特徴に分けて説明しました。

他にも、前からや後ろからなど、いろいろな方向から見たスケッチをしましょう。きっと今まで気が付かなかった素晴らしい発見ができますよ。

比べてスケッチしてみよう!!

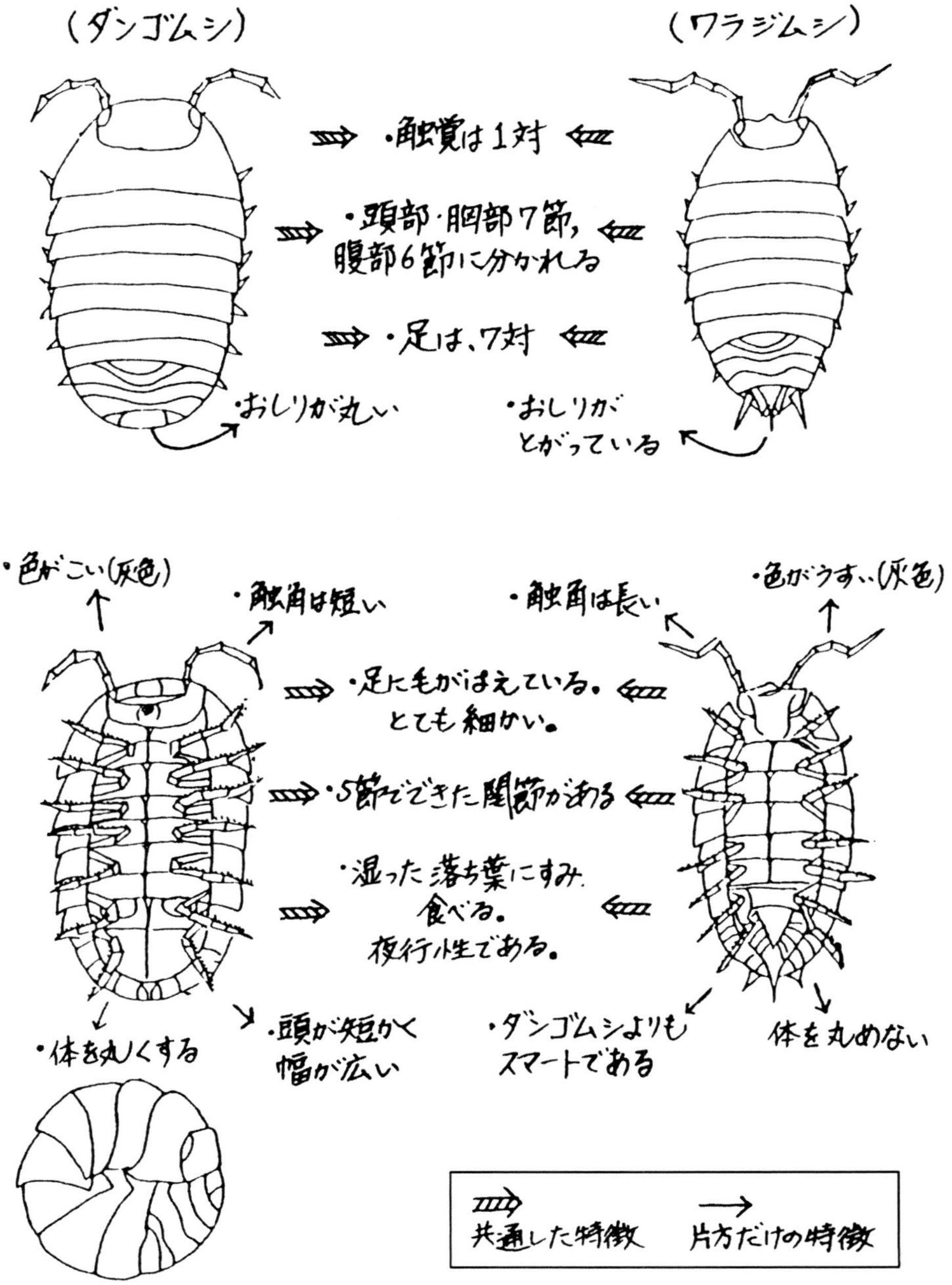

右の次は左、左の次は右、おもしろいダンゴムシの行動

ヒロシさんは、ダンゴムシと遊んでいるうちにおもしろい行動に気が付きました。


　飼育箱からダンゴムシを取りだして机の上に置きました。はじめは丸くなっていましたが、少したったら動き始めました。

　定規をその進む前に立ててみました。少しとまどった様子でしたが、触覚をピクピク動かしながら右に曲がりました。10cmくらい進んだところでまた定規を立てたら、今度は左に曲がりました。同じことを5回繰り返しましたが、4回は、はじめ曲がる方向と次に曲がる方向が逆になりました。

　別のダンゴムシではどうなるのかなと思ってやってみましたが、大体同じでした。

　次に、はじめは右に、次は左に曲がったダンゴムシの進む方向をさえぎると、今度は右に曲がって進みました。でも、いろいろ調べたら、三つ目の曲がり角では、二つ目と同じ方向に曲がるダンゴムシも多くいました。

ヒロシさんの発見

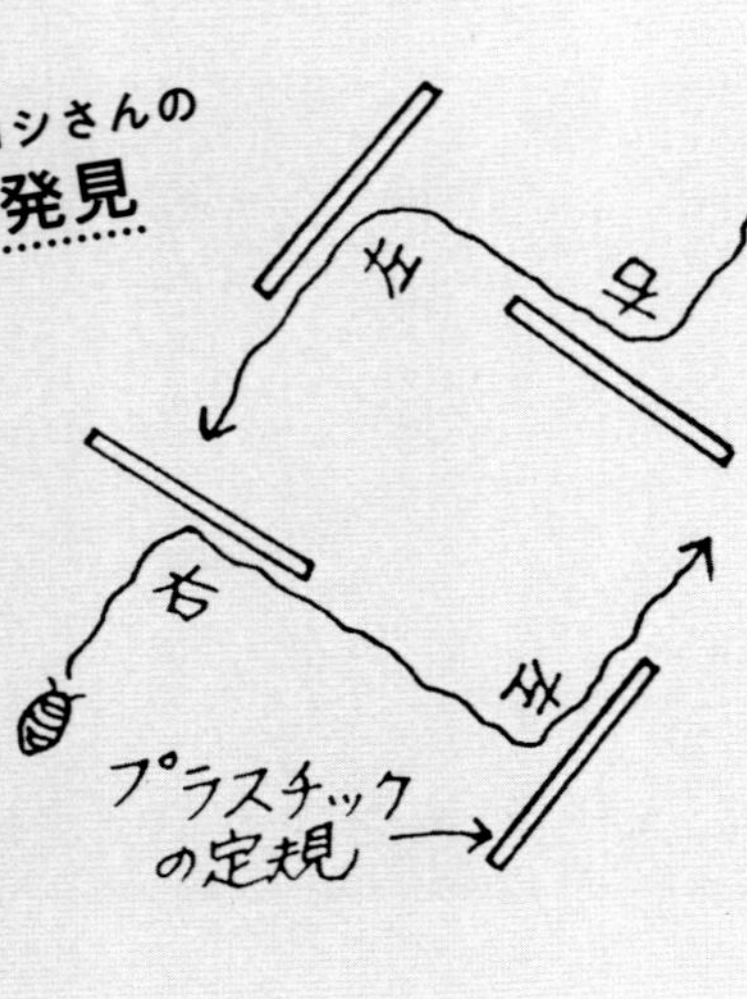

ヒロシさんの作った しかけ のモデル

（上から見た図です）

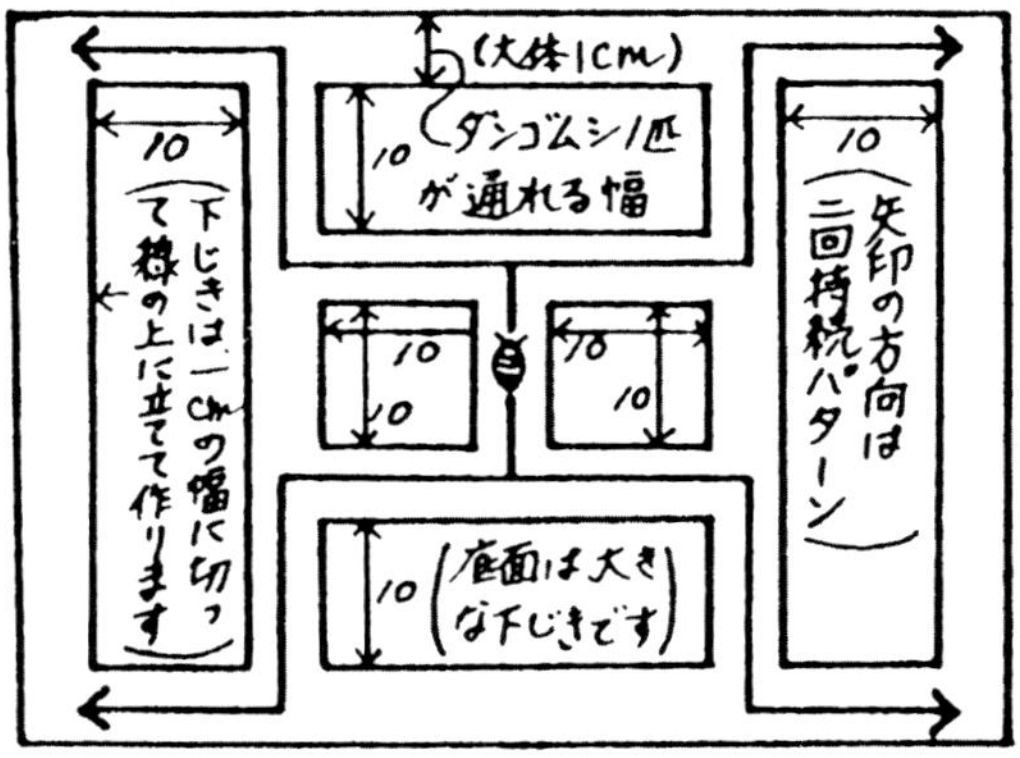

（大体1cm）
ダンゴムシ1匹が通れる幅
10
下じきは1cmの幅に切って様の上に立てて作ります
矢印の方向は二回持続パターン
底面は大きな下じきです

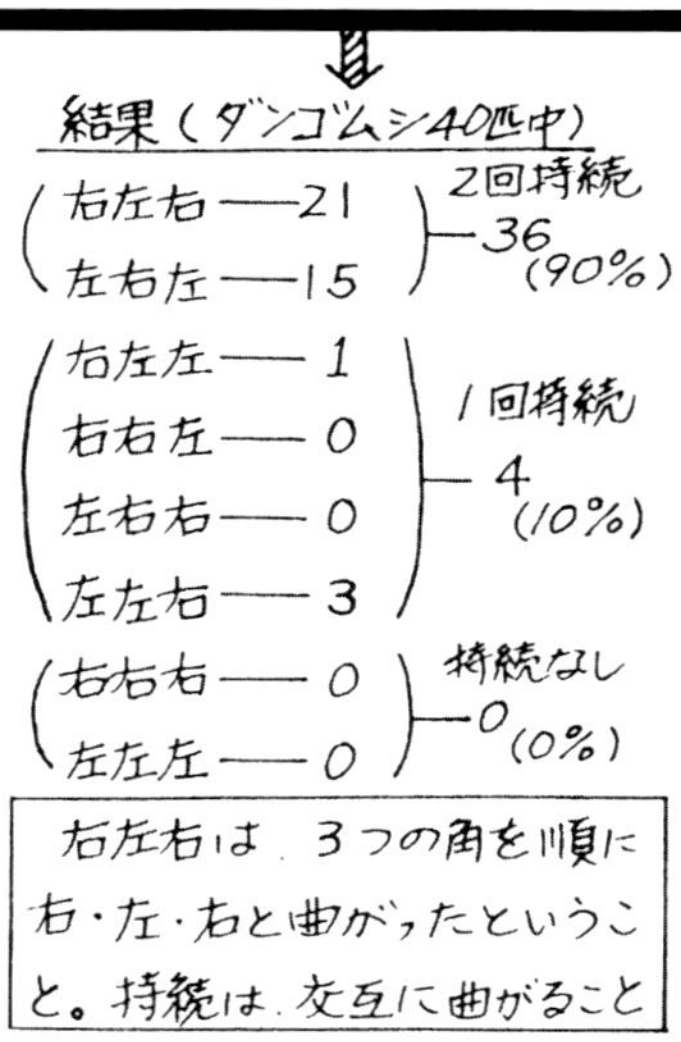

結果（ダンゴムシ40匹中）
右左右──21
左右左──15
2回持続 36 (90%)
右左左──1
右右左──0
左右右──0
左左右──3
1回持続 4 (10%)
右右右──0
左左左──0
持続なし 0 (0%)
右左右は、3つの角を順に右・左・右と曲がったということ。持続は、交互に曲がること

このように、ダンゴムシには曲がり角で曲がる方向について、左の次に右、右の次に左というように交互に曲がる方向を変える行動があります。右ばかり曲がったり、左ばかり曲がったりすることはほとんどありません。

このことをさらにくわしく調べるために、ヒロシさんは、透明の下じきを使って左の図のようなしかけを作りました。そして、40匹のダンゴムシをそれぞれ真ん中に置いて、進み方を調べました。

その結果、9割近くのダンゴムシが三つの角を右→左→右と交互に方向を変えて進みました。

小さなダンゴムシの不思議な行動、どうしてこんなことをするのかな。

気付いたことをメモしておこう

ご家庭でも親子で飼育してみませんか

「水の中で茶色のカマキリを見つけたよ。やせているけどよく似てるでしょう。赤ちゃんかなぁ」

シンジさんは、こう言ってバケツの中にいる生き物を見せてくれました。

この生き物、ミズカマキリといいます。きれいな水の池や沼、川にすんでいる昆虫の仲間です。

ミズカマキリを逃がさずに飼う方法

シンジさんは、ミズカマキリを飼うたびに、知らないうちに水そうから逃げられてしまいます。

実は、ミズカマキリは飛ぶことができるのです。自然の中でも水が汚れてきたり、一つの場所で数が多くなったりすると、すぐ他の場所に飛んで行ってしまいます。

また、水そうで飼う時に、水を入れすぎるとフタのすき間から逃げていってしまいます。

シンジさんは、次の四つの点に注意して図のような水そうを作りました。

①水そうの水を半分までにする
②ブロックや木で水カマキリのお尻の先を水面より上に出せるようにする
③飛び出さないようにフタをする
④底面ろ過器を使用する

そーっとのぞいて……

毎日が楽しくなりますよ

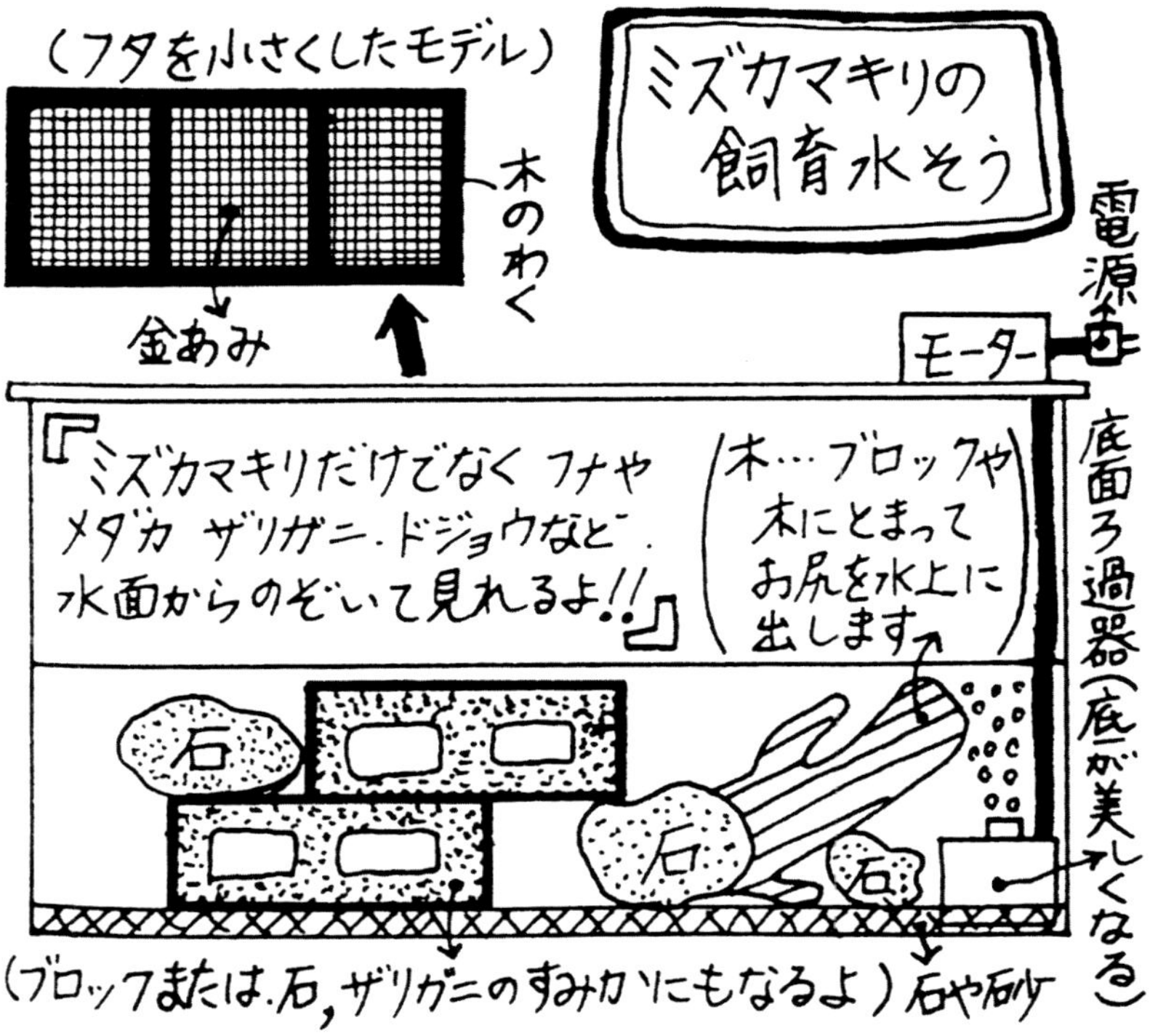

忍者？シュノーケル？不思議な不思議な呼吸法

ミズカマキリを飼育すると、いつもお尻の先を水の上に出していることに気が付きます。これは、何をやっているのでしょう。

実は、水面に出している細長い管（呼吸管といいます）で呼吸しています。よく見ると、この管は2本あります。そして、呼吸する時、2本を1本の管のようにして水の上に出すのです。

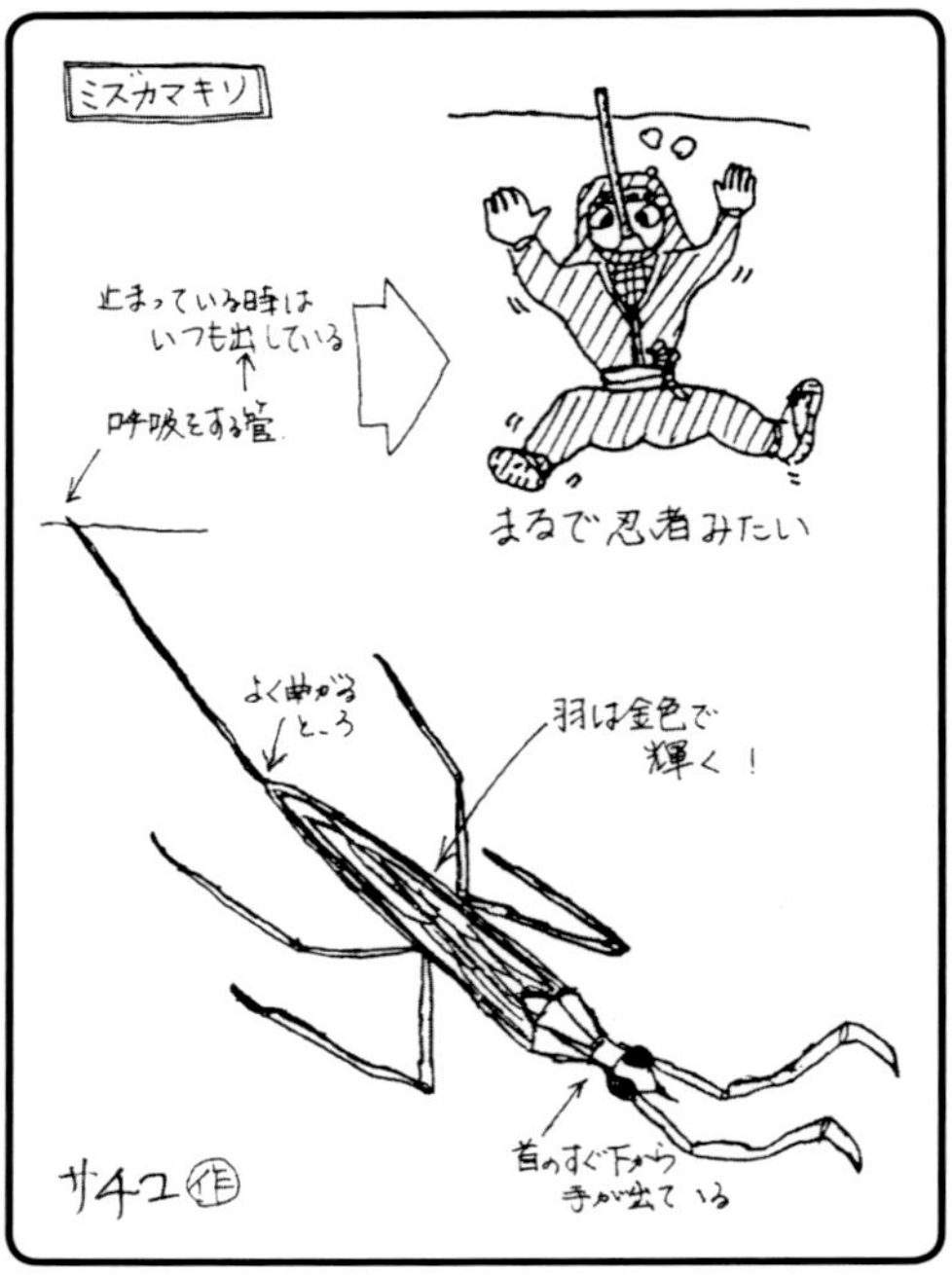

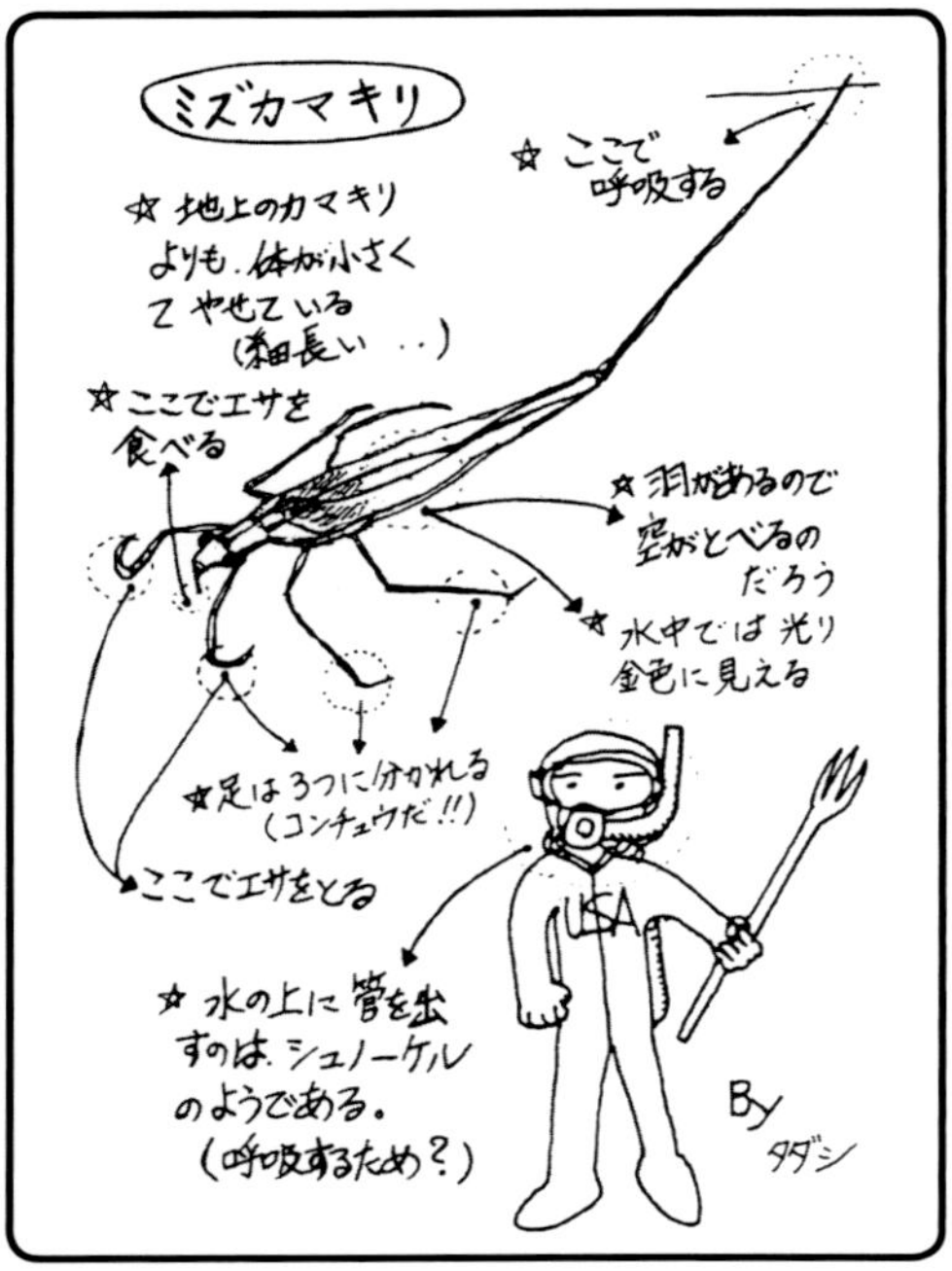

その姿を見て、サチコさんは「忍者」を、タダシさんは「シュノーケル」を思い浮かべて上の図のようなスケッチをしました。

この2本の管は、卵にもあります。5～6月に水面や水辺の植物に産み付けられた白っぽい卵には、2本の長い糸のような突起物が付いています。これが呼吸管のもとで、その先を水面から出しているのです。

無気味なエサのとりかた

ミズカマキリは、小魚や水生昆虫の幼虫などを前足ではさんで捕まえ、その体液をとがった口を刺して吸うのです。2人のスケッチを見ると、捕らえやすく吸いやすいからだのつくりであることが、よく分かります。

まさに、「水中ドラキュラ」ですね。

得意技の死んだまね

さぁ、みなさんもミズカマキリを捕りに行きましょう。

捕まえた時に、前足から後ろ足まで、まっすぐに伸ばして硬くなってしまうことがあります。これは、「死んだまね」で、ミズカマキリの得意技です。

ミズカマキリが本当に死んだ時は、手足を曲げているので、死んだまねかそうでないかはすぐに分かります。

タイコウチに最も近い仲間

ミズカマキリは、タイコウチに最も近い仲間として分けられます。

左の図はタイコウチです。呼吸管が、水面から出ているのがよく分かります。

ミズカマキリとタイコウチ、からだのつくりやエサの食べ方など、比べて観察してみましょう。

気付いたことをメモしておこう

4　夏休み「一日一動物レポート」の巻

夏休みは、身のまわりの自然をくわしく見ていくには、素晴らしい機会です。
　ユカリさんは、1日に1種類、身のまわりの動物を調べていこうと考えて表のような「1日1レポート」という夏の研究を行いました。その動機について彼女は、次のように書いています。

ふだん生活している中で、いろいろな動物に囲まれています。そして、その中で、セミはセミの生活を、カエルはカエルの生活を営んで

(7/21〜8/31 夏休み期間中)

SUN	MON	TUE	WED	THU	FRI	SAT
7/17	7/18	7/19	7/20	7/21	22	23
				蚊	すずめ	ごきぶり
24	25	26	27	28	29	30
かたつむり	ネズミ No.1	はと	ねこ No.1	ミミズ No.1	かえる	トンボ
31	8/1	2	3	4	5	6
せみ	くも		クラゲ カニ		ちょう	が
7	8	9	10	11	12	13
いぬ	うさぎ	カナリア	にわとり	カブトエビ	こがねむし	あり No1
14	15	16	17	18	19	20
バッタ	あり No.2	ミミズ No.2	アブラムシ	ねこ No.2	はえ	ツバメ
21	22	23	24	25	26	27
てんとうむし	からす	ダンゴムシ	ハチ	ザリガニ	ヨコバイ	コオロギ
28	29	30	31	9/1	9/2	9/3
トカゲ	ネズミ No.2	アメンボ	スズムシ			

いるのです。

当たり前のようにしているこの生活が、すべての生物のつながりの中から成り立っているともいえるのです。でも、私自身、これまでその一つ一つの当たり前の姿にほとんど目を向けたことはありませんでした。

学校では、ザリガニやタンポポなどをスケッチしたり、本で調べたりして、生物の様子を観察してきました。

この長い夏休み、1日1種類ずつ、自然、その中で家のまわりの動物について調べ、自分のレポートを作りたいと思います。そして、その中で、多くの動物とふれ合いたいと思います。

観察するときに大切にしたいこと

そんな彼女に私は、次の三つのことを話しました。

1. 自分の手足を使って何回も繰り返して調べよう

分かり切っていると思っていることでも、ほんとうにそうかな、どこか違うのではないかなと考えて自分の納得のいくまで、本や実物で調べよう

2. 図やグラフなどを使って分かりやすく表現しよう

友達やおうちの人が、楽しく、分かりやすく読めるような書き方をしよう

3. 調べた動物を大切にしよう

採集して調べた動物は、逃がしてやろう。もし死んでしまったら、お墓を作って埋めてあげよう

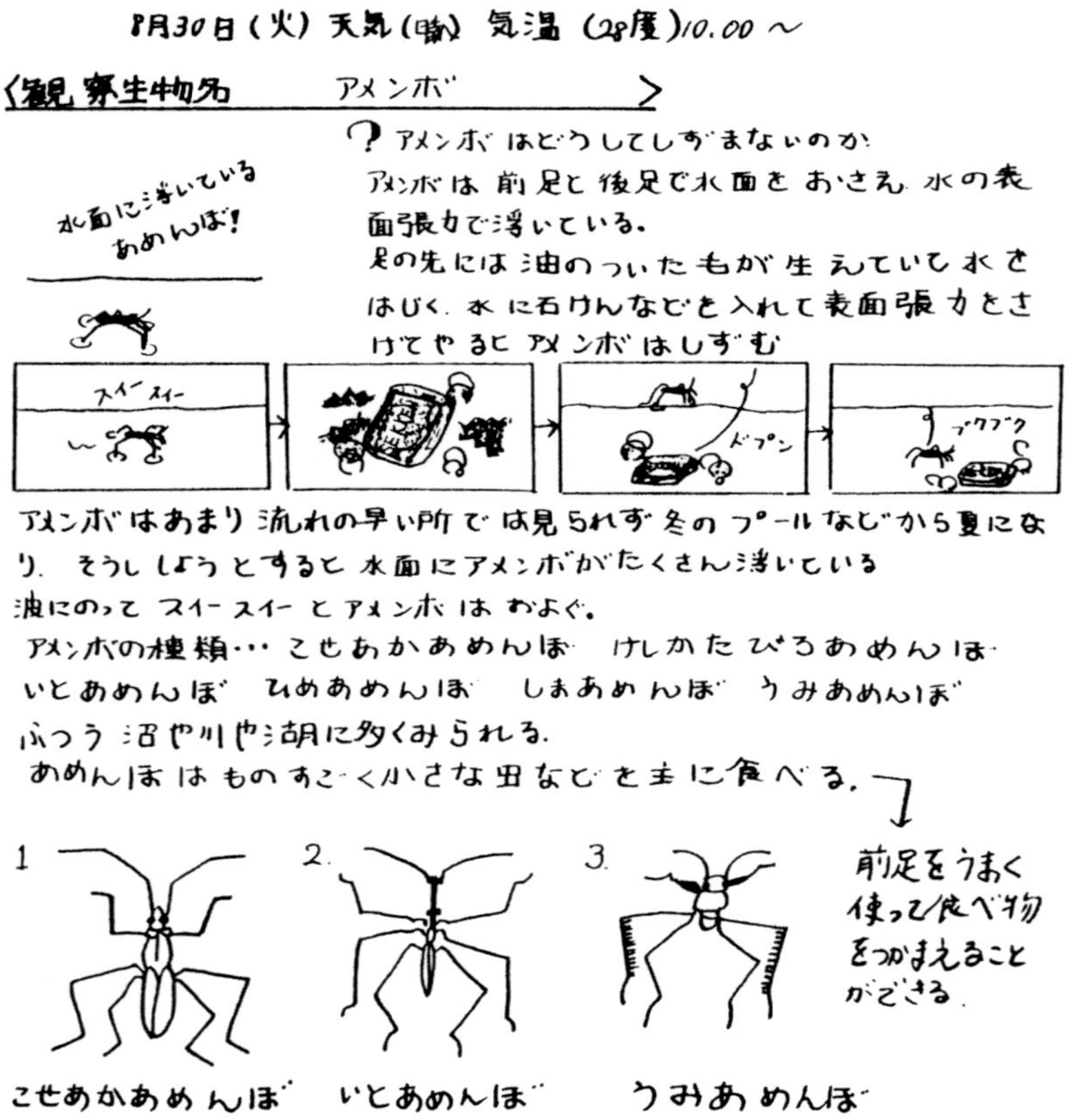
8月30日（火）天気（晴）気温（28度）10.00 ～
〈観察生物名　アメンボ〉
？アメンボはどうしてしずまないのか
アメンボは前足と後足で水面をおさえ、水の表面張力で浮いている。
足の先には油のついたもが生えていて水さはじく。水に石けんなどを入れて表面張力をさけてやるとアメンボはしずむ
水面に浮いているあめんぼ！
スイースイー
ドプン
ブクブク
アメンボはあまり流れの早い所では見られず冬のプールなどから夏になり、そうじしようとすると水面にアメンボがたくさん浮いている
波にのってスイースイーとアメンボはおよぐ。
アメンボの種類…こせあかあめんぼ　けしかたびろあめんぼ
いとあめんぼ　ひめあめんぼ　しまあめんぼ　うみあめんぼ
ふつう沼や川や湖に多くみられる。
あめんぼはものすごく小さな虫などを主に食べる。
1
2.
3.
前足をうまく使って食べ物をつかまえることができる
こせあかあめんぼ
いとあめんぼ
うみあめんぼ

左の図はユカリさんが8月30日に調べた「アメンボ」です。

水面に浮いていられるのは、足の先に細かい毛が生えていて、水の表面張力の上にうまく乗ること、（表面張力＝水の表面にある縮まろうとする力。一円玉やカミソリの刃など、水よりも重いものでも置き方によっては浮かせることができます）、流れの速いところにはいないこと、いろいろな種類があることなどについて調べています。

また、実際にアメンボを使って実験をしています。図には、石けんを水の中に入れると表面張力がなくなって、アメンボが沈んでしまうことを調べた様子が、分かりやすく表されています。その他にも、水そうにアメンボを入れて水流を起こすとどうなるか、食べ物をどのようにとるのかなど、いろいろな実験を行っています。

自分なりの観察や実験をしよう

ユカリさんのレポートは、実際に観察し、スケッチし、本で調べていくだけではありません。調べたことをもとにして、自分なりの実験を行っているのです。生物をくわしく見ていく上で、この自分なりの調べ方をすることは、大切なことだと思います。

ユカリさんは、レポートの最後に次のような感想を書いています。

動物が生きるための当たり前のことを一つか二つ取り上げたにすぎません。これからも身のまわりの動物の中に、今までできなかった発見が、一つでもできれば、素晴らしいことだと思います。

みなさんもぜひ、夏休みのような時間のある時に、身のまわりの動物や植物について、一つでもいいですから、調べてレポートを書いてみましょう。

気付いたことをメモしておこう

身のまわりの生き物の観察(1)

身のまわりの生き物の観察⑵

5 「動物園に行こう」の巻

動物園、みなさんも行ったことがありますね。
たくさんの動物と一度にふれ合うことができる素敵な場所ですね。

ゾウさんの ウンコ 見たこと ありますか？

動物園の人気者、ゾウさん。いつ行ってもたくさんの人々がゾウさんのところにいます。小さな子を肩車しているお父さん、柵の間から必死にゾウさんに手を振っている子、どの表情も生き生きとして、目が輝いています。

ところで、ゾウさんのウンコ、見たことがありますか。とても大きなウンコですよ。どうやって出てくるのかな？

オシッコの出る様子はどうかな？すぐに水たまりができますよ。

他にも、いろいろな楽しい動きをしますね。砂を背中にかけたり、鼻で上手にエサをつかんで食べたり……ね。

ところで、ゾウさんの絵、描けますか？鼻や牙や耳や目など、どんな形でどんな付き方をしているのかな？

見たことはありますが、描けないでしょう。一度、見に行ってスケッチしてみましょう。その時は、大きなからだを4本の足でどうやって動かしているのかも調べてみましょう。もちろんウンコやオシッコのしかたもね。

動物園をさらに楽しく見に行けるためには、次の三つを準備すると良いと思います。

動物園に行く時は、こんなものがあると便利ですよ

1.メモ用紙やスケッチブック

動物の説明板に書いてあることや、自分が目で見たり耳で聞いたり、鼻でにおったり、時には手で触って感じたりしたことを絵や文で残しておくといいと思います。

2.双眼鏡

ライオンの顔を近くで見ることは危険ですからできません。動物園によっては、いろいろな近くで見ることができる工夫がされていることもありますが、双眼鏡があると、動物のからだのつくりや色、動き方を、いつでも大きくくわしく見ることができるのです。池で泳ぐ水鳥、遠くの草むらで隠れている動物の様子もよく分かります。大きく見ると、思わず吹き出してしまう顔や姿もありますよ。また、思わぬ大発見をすることもあります。

3.カメラ

自分が好きな動物の楽しい姿を写しましょう。見るだけでなく写真として残していきましょう。

写真をアルバムなどに残す時、自分のメモやスケッチ、さらに一緒に行った人の感想を1枚1枚の写真に付けておくといいですね。きっと素敵な「家族みんなの動物園ウオッチング集」ができるでしょう。

私も、よく動物園に行って、いろいろな動物の様子をメモしたり、カメラに撮ったりします。次にその一部を紹介します。

みなさんも、たくさんの発見をして素敵なアルバムを作ってみましょう。

動物園のアルバム ～ゴリラ～

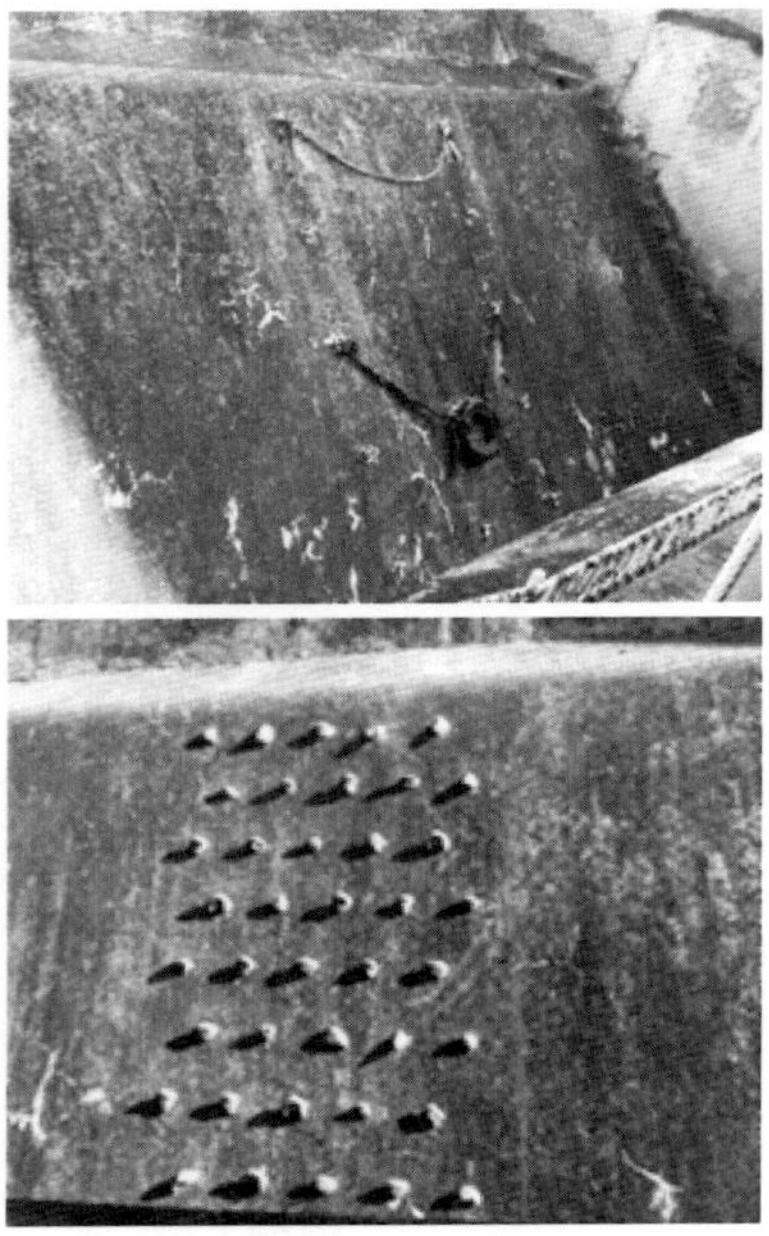

遊ばせる工夫

何か考えてる

手形コーナー

餌の展示

動物園のアルバム ～ホッキョクグマ～

夏は水の中での遊びが一番

氷のかたまりで夏を乗り切るよ

餌のホッケという魚だよ

う・う・うぅ～　暑くてたまらないよぉ

気付いたことをメモしておこう

私の
動物園写真

6 — 魚の巻 (1)

魚と友だちになるには……

私たちの身のまわりの川や池には、
たくさんの魚がいます。
しかし、その魚について、
私たちは意外に
知らないことが多くあるのです。
今までよりも
もっと魚を知るために、
今回と次回では、
魚と友だちになる方法を
考えてみました。

① 見えている魚を捕る方法

メダカやフナなど、水面近くや浅いところでたくさん泳いでいるのを見たことがあるでしょう。

そんな時、捕虫網でチョウを捕るように、上からバサッとかぶせてすくい捕る方法があります。

コツ

- 見つけたら、川の下流（水が流れていく方向）から
- 自分の姿や影が川に映らないように気を付けて近づいて
- 川の上流から下流に向かって、
- すばやく一気にすくい捕る

魚の捕り方いろいろ

魚と友だちになるために、まず、魚を捕りに行ってみましょう。

みなさんは魚を自分で捕ったことがありますか？ ある人は、どんな方法で、どんな魚を捕りましたか？

魚を捕る方法はいろいろありますが、ここでは、どこにでも売っているタモ（1～2mの棒に直径30cmくらいの網が付いているもの）で捕る方法を紹介しましょう。

② 隠れている魚を捕る方法

①の方法で行うと、魚はいろいろな方向に逃げていきます。どこに逃げていくのかをじっくり見ておきましょう。

水草の中や根元、石と石の間などさまざまですね。

①の時以外でも、川の中に魚が見えていなくても、いろいろなところに隠れていることがあります。

このように隠れている魚は、水草や石と石の間を棒などでたたいたり突っついたりして外に追い出して捕る方法があります。

コツ

- 隠れていそうな場所の下流にタモを置いて
（水草の時には、水草の中にそ～っと半分くらい入れて）
- 上流から下流に向かって、
すばやくたたいたり突っついたりする

ひざ下くらいの浅いところなら、川の中に入って捕りましょう。中に入った時は、②の方法のかわりに自分の足で水草を踏んだり突っついたり、石を蹴ったり動かしたりしても捕れますよ。

なお、川や池で魚を捕る時は、必ずおうちの方と一緒に行き、安全に十分気を付けてください。また、タオルや着替えを準備しておくと良いでしょう。

タモで魚を捕る方法

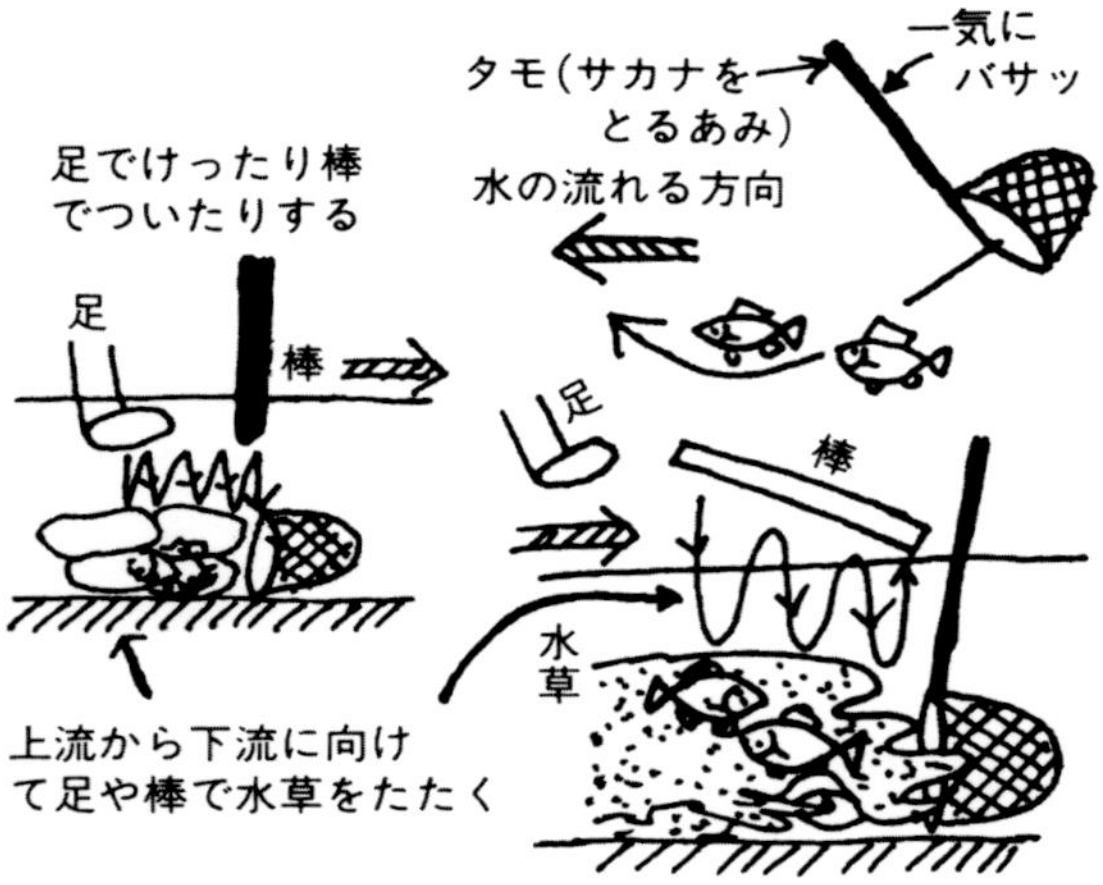

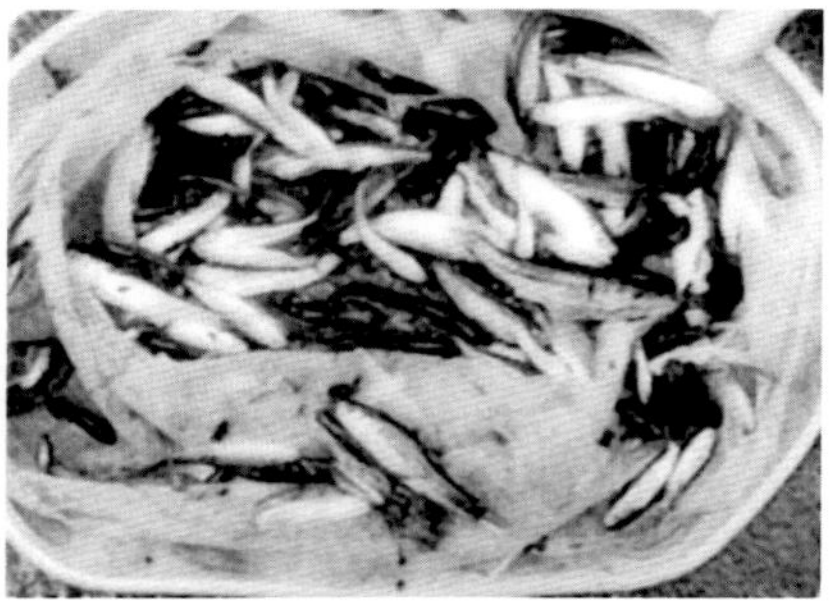

2時間でこんなに捕れた！

魚の身になって、飼い方を工夫しましょう

捕った魚を飼育してみましょう。水そうがあれば、「ミズカマキリの巻」で紹介した方法で飼育してみましょう。他にも水そうに水をいっぱい入れて、上にろ過器を取り付けたり、モーターで空気を入れたりする方法もあります。

さて、飼育する時に大切なことは、〝魚のすんでいた環境に近づけてあげる〟ということです。

捕ってきた魚が数日のうちに白くなって死んでしまうことがあります。

これは、魚を入れるときの水そうの水の温度が魚のすんでいた川や池の水の温度と違ってしまったためです。温度の差は２〜３℃以内にするよう気を付けましょう。捕ってきた魚の入っている水の温度を温度計で測定して、水そうの中の温度が同じになるように気配りしてあげるといいですね。

メダカを飼う時、空気をたくさん入れて水の流れを速くすると死ぬことがあります。ゆるやかな流れにすんでいるメダカには、都合の悪い環境になるのです。

他にも水草や水底の石、隠れ家など、魚に合った飼い方をしましょう。

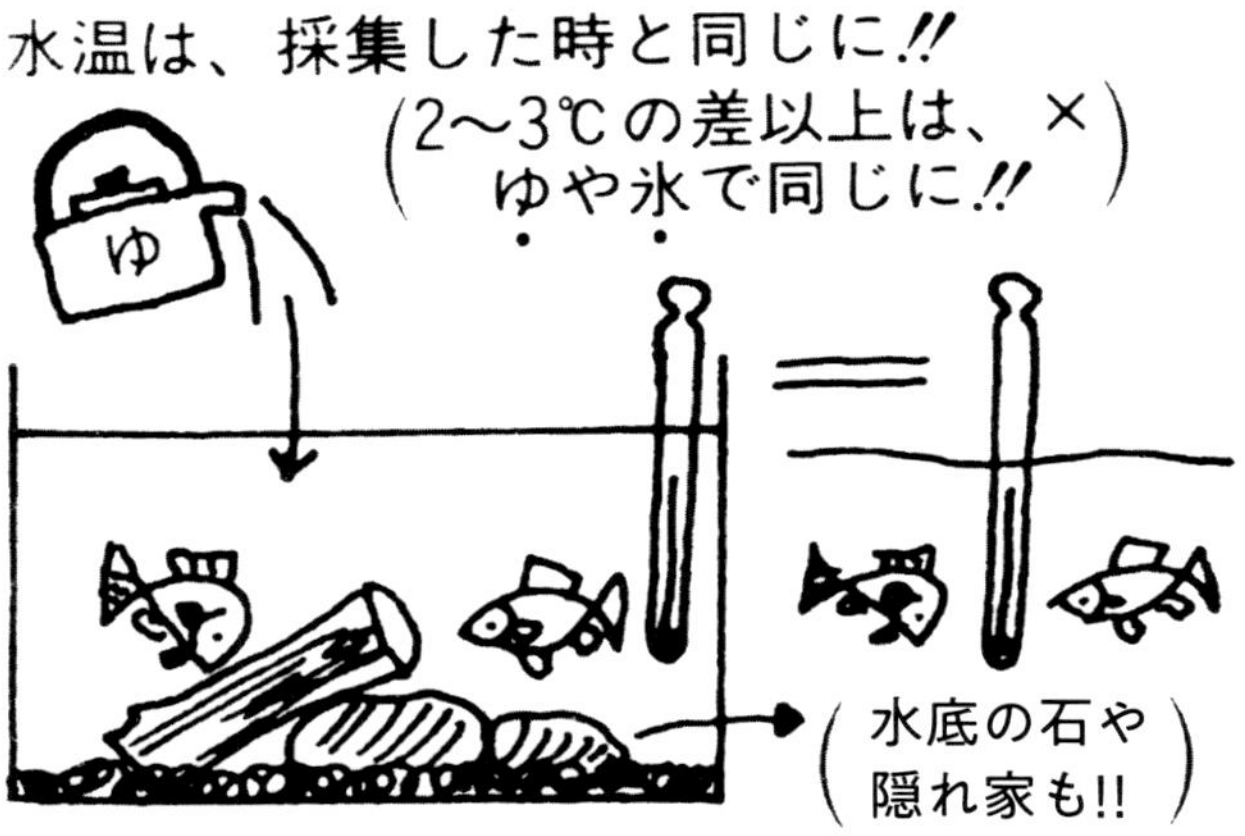
水温は、採集した時と同じに!!
(2〜3℃の差以上は、×
ゆや氷で同じに!!)
ゆ
水底の石や
隠れ家も!!

気付いたことをメモしておこう

7—魚の巻(2)

フナのからだ描けますか？

フナは、川や池にすんでいる代表的な魚です。

みなさんも、いろいろな方法で捕らえたり、触ったり、飼育したり、中には食べたりしたこともあるのではないかと思います。

さて、みなさんは、フナのからだを正しく描くことができますか。フナが分からない人は、同じ仲間の金魚のからだを思い浮かべてみてください。

魚には、背びれ、胸びれ、腹びれ、尻びれ、尾びれという五種類のひれがあります。それぞれいくつあるか、どこについているか、描くことができますか。下の図のように、それぞれ1枚あるひれと2枚あるひれがあることを知っていましたか。

さて、これらのひれはどんな役割をするのでしょうか。フナ以外でも身のまわりに見られる魚で調べてみましょう。

前後に動く時、上下に動く時、止まる時、左右に動く時、エサを食べる時など、それぞれのひれをうまく使って動きます。

また、そんな時には、いつもは横からばかり見てる魚を前からや上からや後ろからなど、いろいろな方向から見てみましょう。ひれがどんな付き方で、どんな動きをしているか、さらにくわしく分かりますよ。

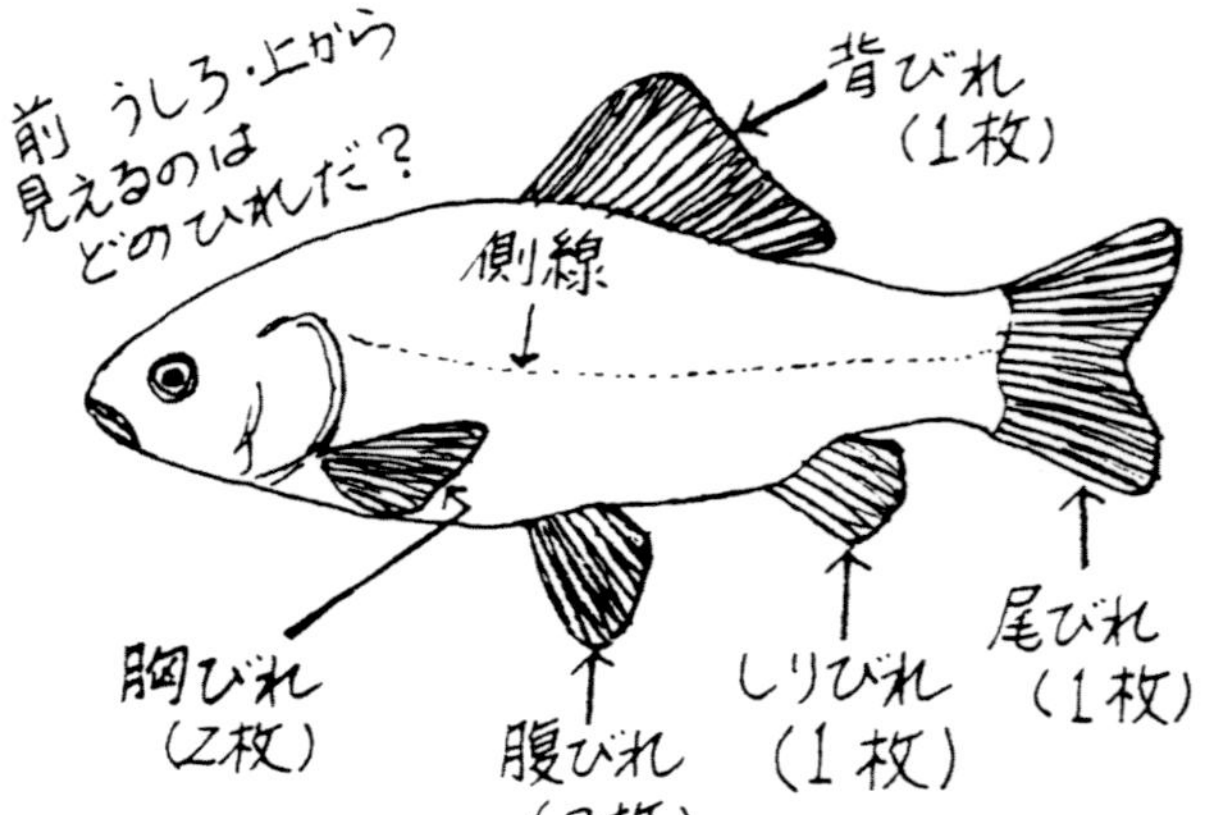
前 うしろ・上から
見えるのは
どのひれだ？
背びれ
(1枚)
側線
尾びれ
(1枚)
胸びれ
(2枚)
腹びれ
(2枚)
しりびれ
(1枚)

メダカ・フナ・ドジョウ ナオミさんの発見

ナオミさんは、夏休みに近所の川で家族と捕った魚を今でも飼っています。世話は大変ですが、水そうの中のメダカやフナやドジョウとすっかり仲良くなりました。そしてたくさんのことを見つけて、時々、話しにきてくれます。

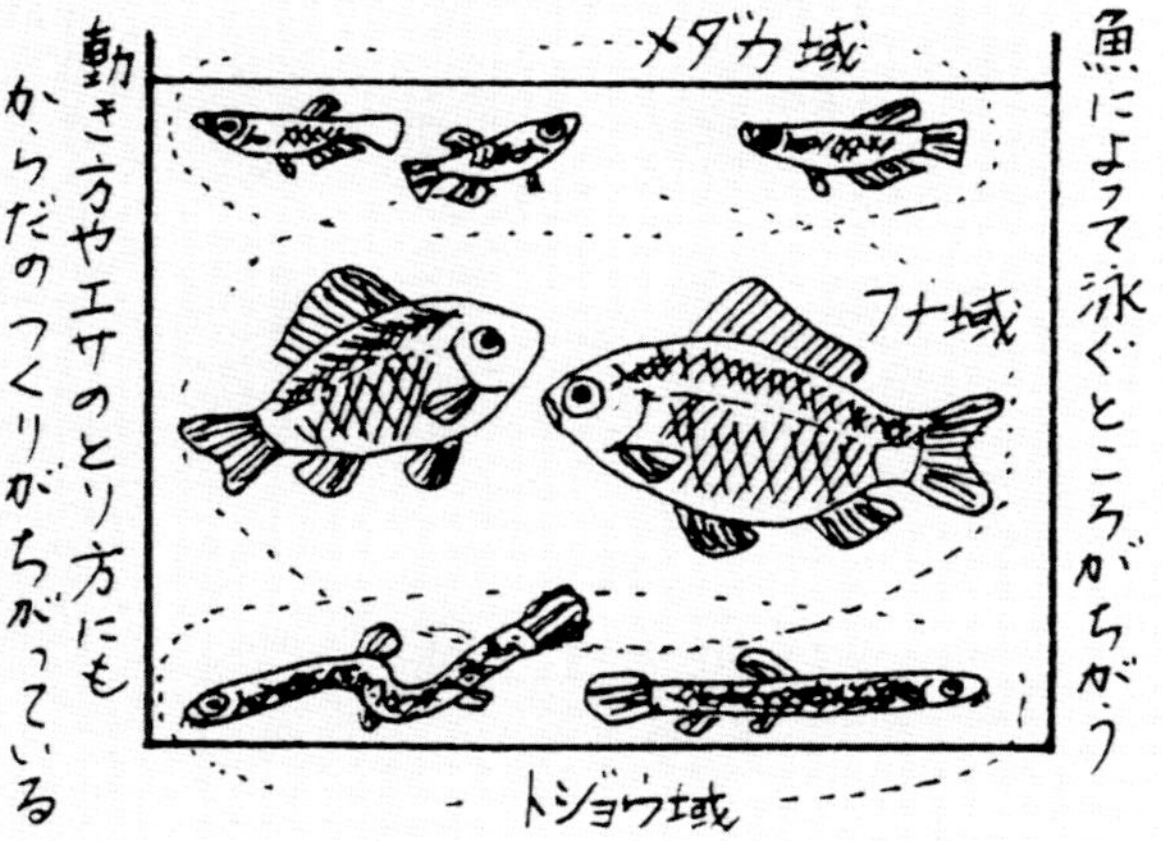
魚によって泳ぐところがちがう
メダカ域
フナ域
トジョウ域
動き方やエサのとり方にも
からだのつくりがちがっている

魚というのは、からだのつくりがうまく生活に適していると思います。

メダカは、水面近くを泳いで、上向きの口で、あげた餌が水面に浮かんでいるうちに食べにきます。ドジョウは細長いからだをくねらせて水底を泳ぎ、底に落ちてきた餌や石と石の間に残る餌を食べています。また、フナはひれをうまく動かして、水面から水底までいろいろなところへ餌を食べに行きます。

メダカもドジョウも
それぞれ水面と水底だけで
餌を食べるわけではありませんが、
それぞれの特徴をよくとらえていますね。

岐阜県の魚「アユ」(鮎)の生活史

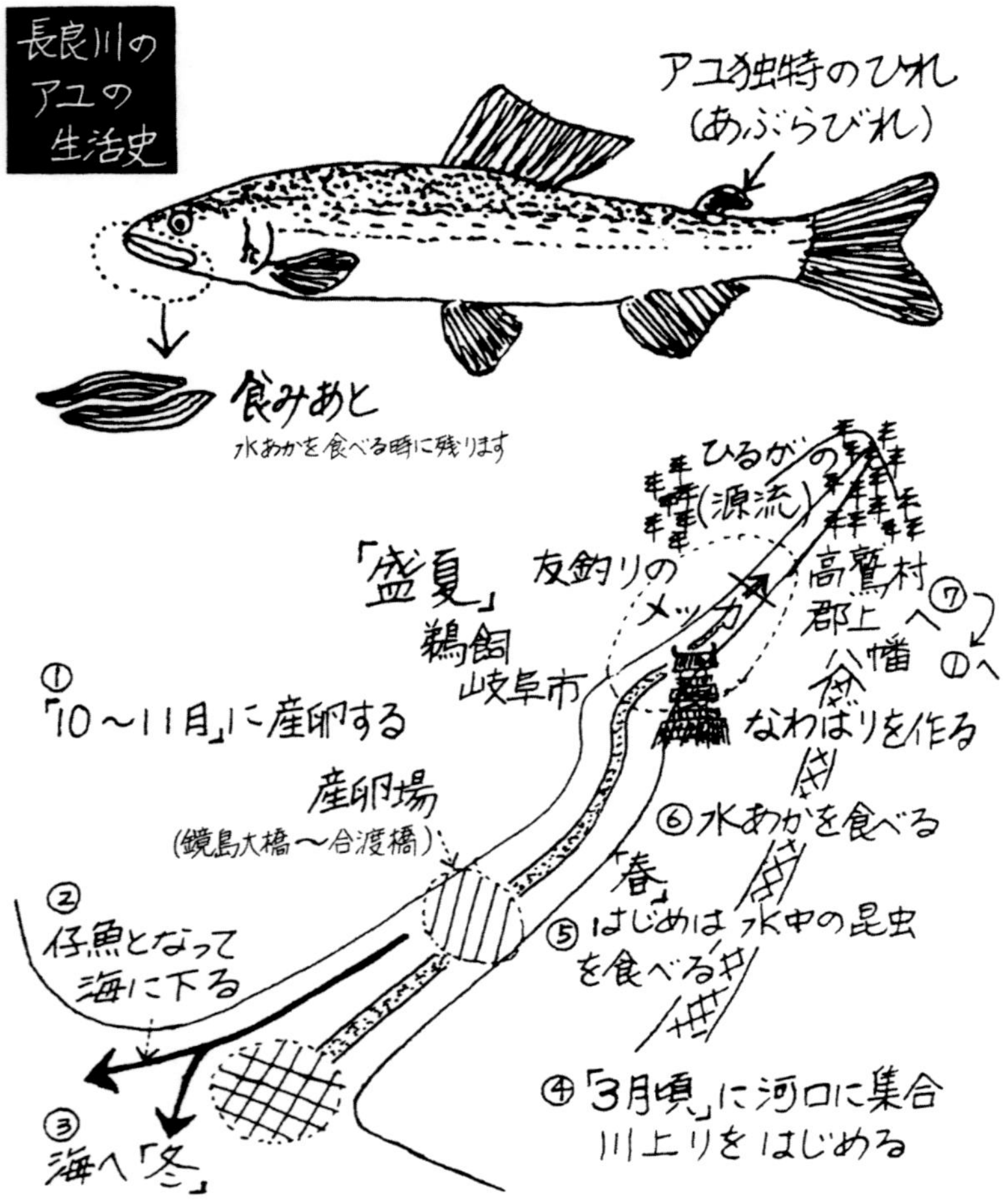

「岐阜県の魚」は「アユ」ですね。中部未来博覧会が岐阜市であった時は、3倍体アユが登場して人気を集めました。また、岐阜市の長良川での夏の風物詩である「鵜飼」もこのアユを捕る漁法の一つなのです。

アユは、8〜9月になると産卵場へと川を下り始めます。これを「落ちアユ」といい、みなさんが「簗」で見たり食べたりするアユはこの頃のアユなのです。

10〜11月頃、中・下流域の砂利底に産卵します。産卵を終えたアユはやせ細り、1年の短い一生を終えます。15～30日程度で、6㎜ほどの仔魚になり、海に下ります。そして、春の彼岸の頃に、3～5㎝の稚魚となって河口付近に集まり、川を上り始めます。

川に上るに従って、アユの食べ物も水中の動物プランクトンから水底の石の表面についた藻類に変わり、一つの場所にすみつくようになります。この藻類を食べたあとを「食みあと」といい、水底の石や、時にはコンクリートの川岸でも見られることがあります。

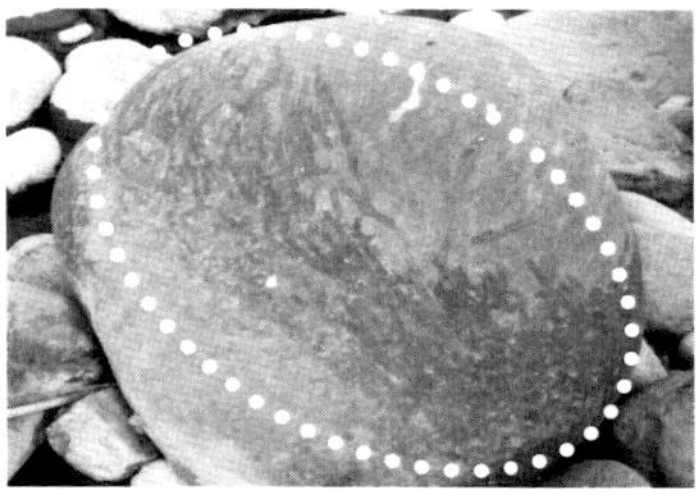

「食みあと」が付いた石

藻類を食べるアユの中には、「なわばり」という自分のすみかを持つアユが出てきます。「友釣り」は、なわばりの外から侵入したアユを追い払う「なわばりアユ」の習性を生かした独特の漁法です。

盛夏になると上流まで上り、30㎝近くなったアユは、再び秋の頃になると「落ちアユ」となるのです。

右の図は、長良川のアユの生活史のモデルとアユのからだのつくりです。アユには「あぶらびれ」という珍しいひれがあることも覚えておきましょう。

気付いたことをメモしておこう

8―動物たちは、今どこに？(1)

モンシロチョウの巻

モンシロチョウは冬はどこにいるのだろう？

大学を卒業して、
初めて勤務した小学校の4年目に
3年生の担任をしていた時、
モンシロチョウの授業をしました。
子どもたちと1年間、
モンシロチョウの学習をしました。
冬の初めの頃、マサヒロさんが
こんな話をしてくれました。

春になると、アブラナ畑やキャベツ畑に
たくさんのモンシロチョウが飛んでいました。
でも、今（冬）はモンシロチョウが飛んでいません。
そこで、不思議に思いました。
飛んでいたモンシロチョウは今、どこにいるのだろうと……。
春に飛んでいるのだから、夏や秋にいたモンシロチョウが、
そのまま冬を越すのかな。
でもそんなに長い間は生き続けられないだろう。
それに、春に見られるモンシロチョウには、傷がついていないから、
きっと生まれたばかりのモンシロチョウだと思うのです。
幼虫（アオムシ）のままで、じっと春を待っているのだろうか。
それともサナギの形で冬を越しているのだろうか。
もしかしたら、卵のままでいるのだろうか。
一度、どんな姿で冬越しをするのか、実際に見てみたいと思います。

すごいですね。春にいるのだから、今はどうしているのだろう。傷がついていないから、卵や幼虫やサナギの姿で冬を越しているのだろう。

生き物が大好きなマサヒロさんならではの疑問だと思います。

モンシロチョウが見られる時

モンシロチョウは、北海道のような寒い地方では年2回、暖かい地方では年6～7回、卵↓幼虫↓サナギ↓成虫というサイクルを繰り返します。九州南部では、一年中、成虫が見られますが、ほかの地域ではサナギで冬を越すのです。

岐阜市付近では、1回目の成虫は3～4月頃に、最後の成虫は9～10月頃に見られます。

サトミさんは、毎日、家の近くのキャベツ畑に行って、卵が多く見られる時に、その中の一つの卵が、何日くらいで幼虫、サナギ、そして成虫になるのかを調べました。

モンシロチョウの卵が成虫になるまでにかかった日数

個体	卵 → 孵化 → 蛹 → 羽化	期間
A	4/15 → 4/20 → 5/16 → 5/27	42日
B	6/2 → 6/5 → 6/25 → 7/3	31日
C	6/24 → 6/27 → 7/11 → 7/19	25日
D	7/17 → 7/19 → 8/1 → 8/7	21日
E	8/6 → 8/8 → 8/23 → 8/28	22日

孵化（ふか）＝卵から幼虫（アオムシ）になること
羽化（うか）＝サナギから成虫（蝶）になること

サトミさんは、3月にも1回、モンシロチョウを見ています。そのモンシロチョウが前の年の最後の成虫の子どもで、今年初めて羽化したものでしょう。そして、図1の表のサトミさんの調べたA～Eの卵が2～6回目の羽化した成虫になるのです。

サトミさんは、9月にもモンシロチョウを見ました。きっとそれが、その年の最後のモンシロチョウの成虫の姿でしょう。

モンシロチョウのサナギを探してみましょう

マサヒロさんの疑問について、冬休みに子どもたちとモンシロチョウ探しに出かけました。

はじめに、春にアブラナやキャベツのあった畑に行きました。しかし、畑には何も作られていませんし、モンシロチョウの成虫の姿は見られませんでした。

それでもみんなで畑のまわりを探しました。そして、畑のまわりの木の柵が組まれているところに、モンシロチョウのサナギを見つけたのです。そのサナギのほとんどは、南に面したところについていました。

春にキャベツやアブラナやダイコンの畑があったところの近くの日当たりの良いところや風のあたりにくいところにサナギがあるんだ。

と思いました。

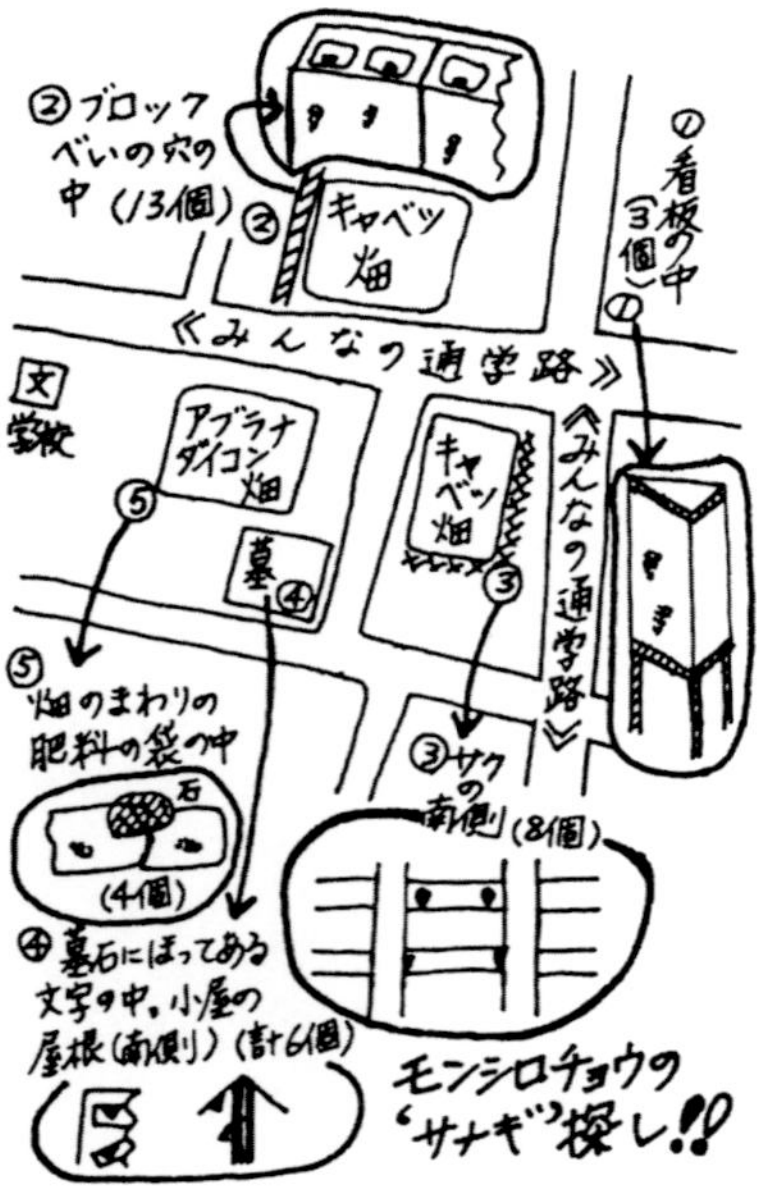

その後、これまでモンシロチョウが見られたいろいろな場所をまわり、畑においてある肥料の袋などの中、看板の木の裏、ブロック塀のブロックの穴の中などで、たくさんのサナギを見つけました。

秋になると、小さなアオムシは、ヨチヨチとはいまわり、来年の春の羽化のために冬越しできる最良の場所を探し回るのです。それは、自然の中で生き抜く生き物の、自分の仲間を絶やさないための必死の姿でもあるのです。

みなさんも越冬するサナギをたくさん探してみましょう。見つけたら、エールを送りたいですね。

そして、3月になったら、時々見に行って、いつごろ羽化するのか調べてみましょう。


後日談ですが……。武儀中学校の校長の時です。冬の晴れた日に、校長室前の花壇の花を見ていたら、校長室の窓の上に設けられている次の部屋との仕切りのある壁の一番上の隅にモンシロチョウのサナギを見つけました。その花壇では春にキャベツやアブラナを栽培していました。きっと、その時に飛んでいたモンシロチョウの子孫なのでしょう。しかし、その花壇と校長室の間には深さ40㎝ほどの側溝があるのです。きっとアオムシは、側溝の壁、さらに校長室の壁をヨチヨチと、はい進みながらサナギで冬を越す場所を探していたのでしょう。その話を全校朝会でしました。すると、生徒たちは、校舎の南側でたくさんのサナギを見つけてくれました。

モンシロチョウの次の世代に引き継ぐための生命力に感動するとともに、30年前のモンシロチョウのサナギを子どもたちと探し回った記憶がよみがえりました。

気付いたことをメモしておこう

9 — 動物たちは、今どこに？ (2)
動物の冬越し地図を作ろうの巻

前回、モンシロチョウは
サナギで冬を越すことを学びましたが、
身のまわりで実際に
見つけることができましたか。
見つかった人は、
どんな場所にあったか教えてください。
また、いつごろ羽化するのか、
時々見に行きましょう。
モンシロチョウは、
サナギで冬を越しますが、
すべてのチョウがそうではありません。
モンキチョウは幼虫で、
アゲハチョウはサナギで、
タテハチョウは成虫で、
それぞれ冬を越すのです。

※タテハチョウの中には卵、幼虫、サナギで冬を越す仲間もいます。

動物の冬越し地図を作ろう

ノブオさんは、学校で動物の冬越しの様子を地図にしました。天気の良い日曜日、学校に出かけて、どんなところに、どんな動物が、どんな姿でいるかを何回も歩いて調べました。見つけた動物は次の通りです。

●イラガ＝木にいっぱい固い殻を付けていました。中はどんなかな？
●カマキリ＝卵のかたまりが、木や建物の壁についていました。
●ダンゴムシ・ハサミムシ・ヤスデ＝石やブロックをひっくり返すと、丸くなったり、じっとしていたりしていました。木の根元の隙間や幹の中にもいました。手のひらにのせたら、動き始めました。あとで、そっと戻してやりました。

●**アリ＝**木の上を歩いていました。幹の穴から出たり入ったり、草の中をヨチヨチしたり、本当にはたらきものです。

●**ハエ・カ＝**草むらへ捕虫網を振ってみました。見つけて捕るのではなくて、草を十回くらいすくうようにして取るのです。ショウジョウバエやカの仲間が二十匹ほど捕れました。こんなにも捕れるのかと驚きました。

●**アシナガバチ・テントウムシ＝**南向きの壁の隅でじっとしていました。暖かい場所を探したのでしょうね。

●**スズメ・トビ＝**スズメは全部で十六羽。木から木へ元気に飛び回っていました。一羽のトビが高いところで大きく輪を描いていました。何か獲物をねらっているのかな？

冬越し探しをしたあと、
ノブオさんは、私に話してくれました。

いろいろな冬越しの姿を見つけました。
成虫でいるものは、
日当たりの良い場所に多くいました。
枯草の中に
植物の小さな芽を見つけました。
生き物たちは、
今から春の準備を
しているんだなぁと思いました。

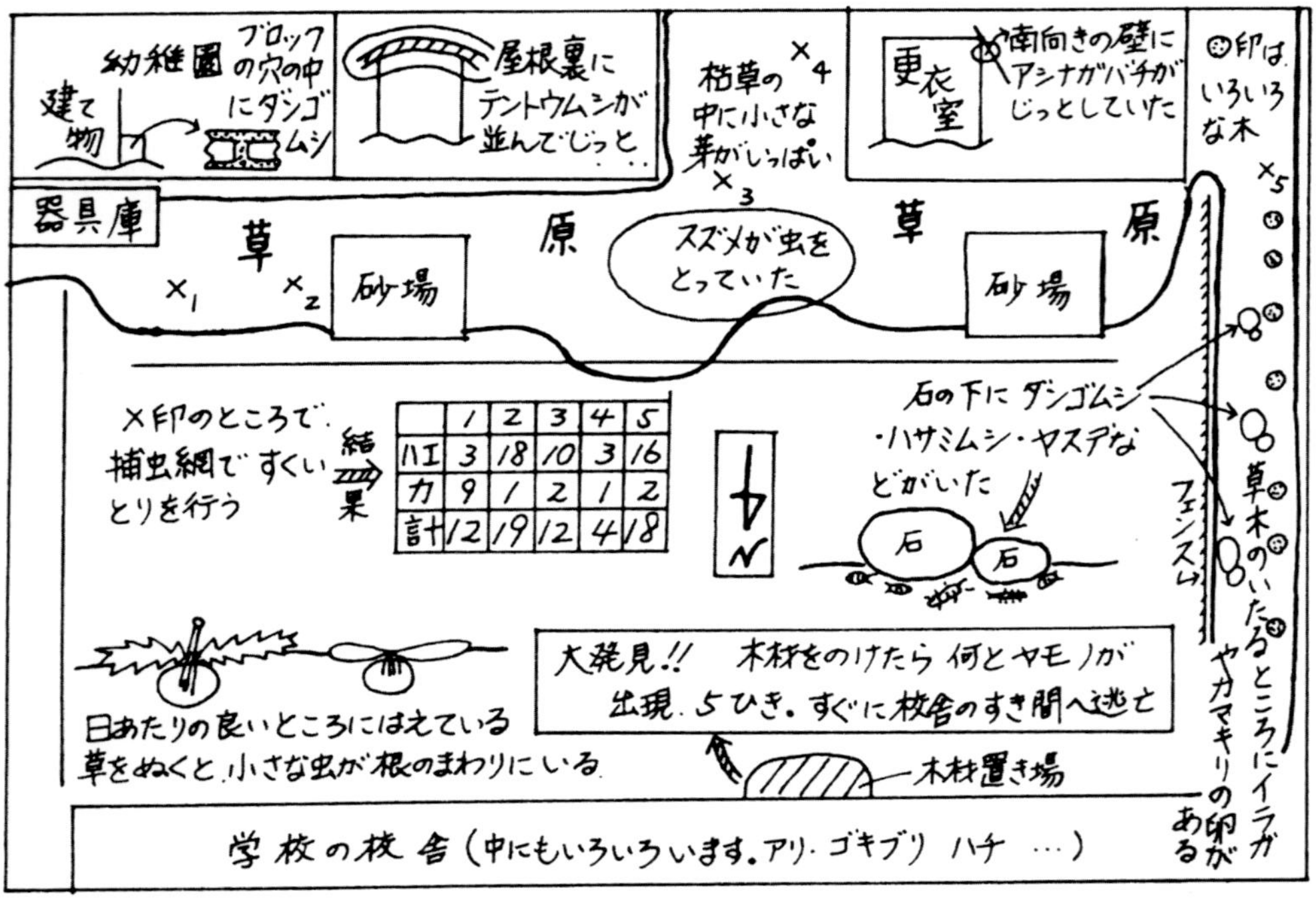

	1	2	3	4	5
ハエ	3	18	10	3	16
カ	9	1	2	1	2
計	12	19	12	4	18

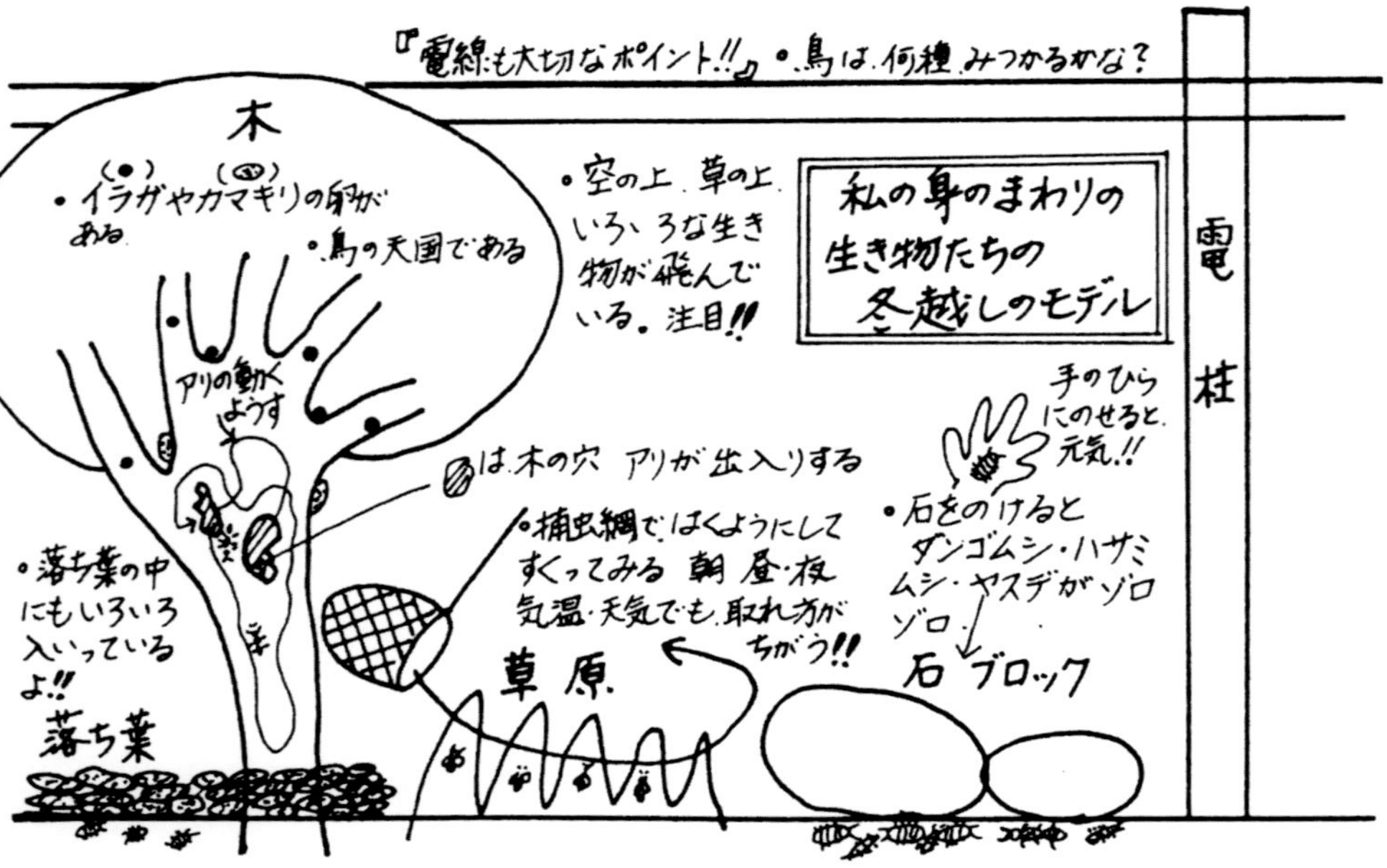

手作りの生き物地図・季節ごよみを作ってみましょう

一年の計は元旦にあり。今年一年、身のまわりの自然を調べてみましょう。

図のような生き物地図や季節ごよみを作る、カレンダーにその日に見た生き物を記録する、ウオッチングレポートを作るなど、どのような方法でもよいのです。

自然を続けて見てみると、今まで気が付かなかった生き物たちの姿にたくさん出合うことができるでしょう。

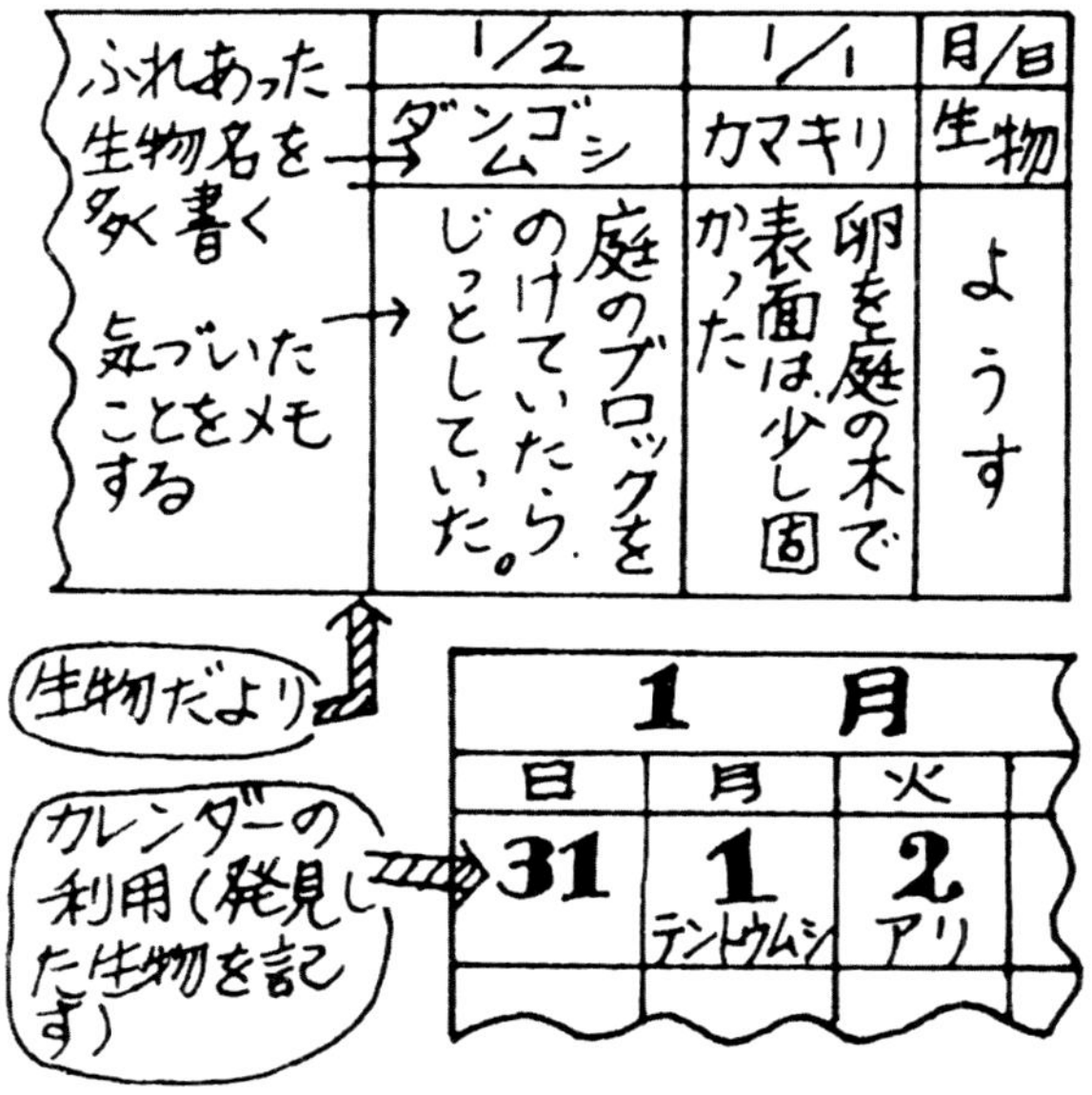
月/日
生物
ようす
1/1
カマキリ
卵を庭の木で表面は少し固かった
1/2
ダンゴムシ
庭のブロックをのけていたらじっとしていた。
ふれあった生物名を多く書く
気づいたことをメモする
生物だより
1月
日
月
火
31
1
2
テントウムシ
アリ
カレンダーの利用（発見した生物を記す）

気付いたことをメモしておこう

10 — すくいとりの巻

捕虫網一本でできる生き物調べ
すくいとりをしよう!

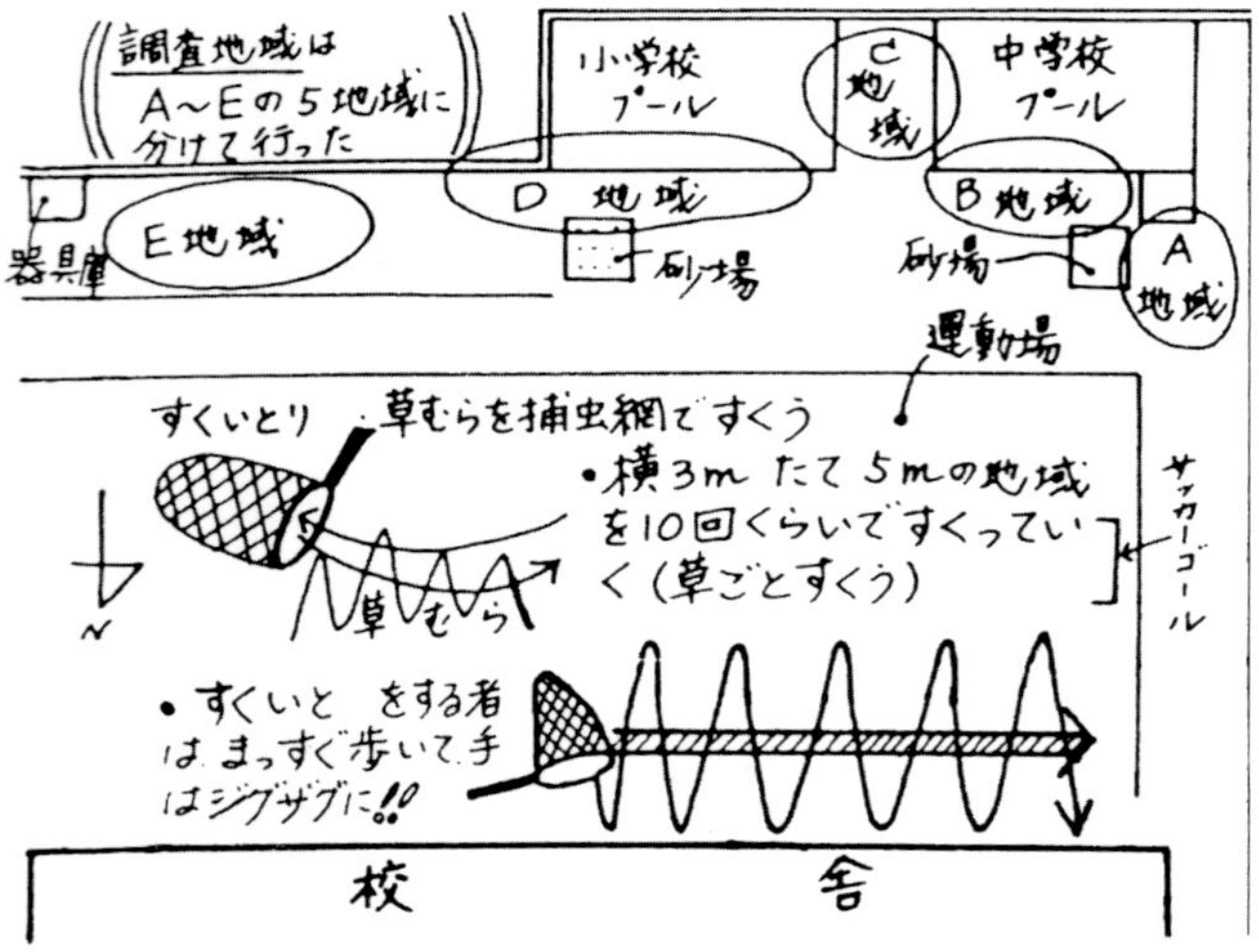

調査地域は
A～Eの5地域に
分けて行った
小学校
プール
C地域
中学校
プール
D地域
B地域
E地域
A地域
器具庫
砂場
砂場
運動場
すくいとり
草むらを捕虫網ですくう
・横3m たて5mの地域
を10回くらいですくってい
く(草ごとすくう)
サッカーゴール
草むら
N
・すくいと をする者
はまっすぐ歩いて手
はジグザグに!!
校舎

すくいとりは、捕虫網で草原をはくようにして振り、そこにいる生き物を採集するという簡単な方法です。実際にやってみると、予想以上にたくさん捕れるので驚きます。

私が勤務していた中学校で、理科の研究としてこの研究をテーマにしていた4人の生徒の紹介をします。彼らは、1年間日曜日以外の毎日、上の図に示した校庭のA～Eの場所で、朝(登校時の8時頃)、昼(昼休みの1時頃)、夕方(放課後の5時頃)の3回、協力して行い、校庭の草むらにすむ生き物の種類や個体数を調べました。

すくいとりで採集した生き物は、ビニール袋に入れて、その場ですぐに種類と個体数を調べて生きたまま逃がしてやります。ですから、細かな種類までは調べることはできないのでハエやカの仲間、カメムシ(甲虫)の仲間、アリの仲間、チョウやガの仲間、バッタの仲間、コオロギの仲間、キリギリスの仲間、クモの仲間、ダニの仲間、その他(トンボやカマキリのようにまれに捕れる生き物)の10種類に分けて調べていきました。

1月気温

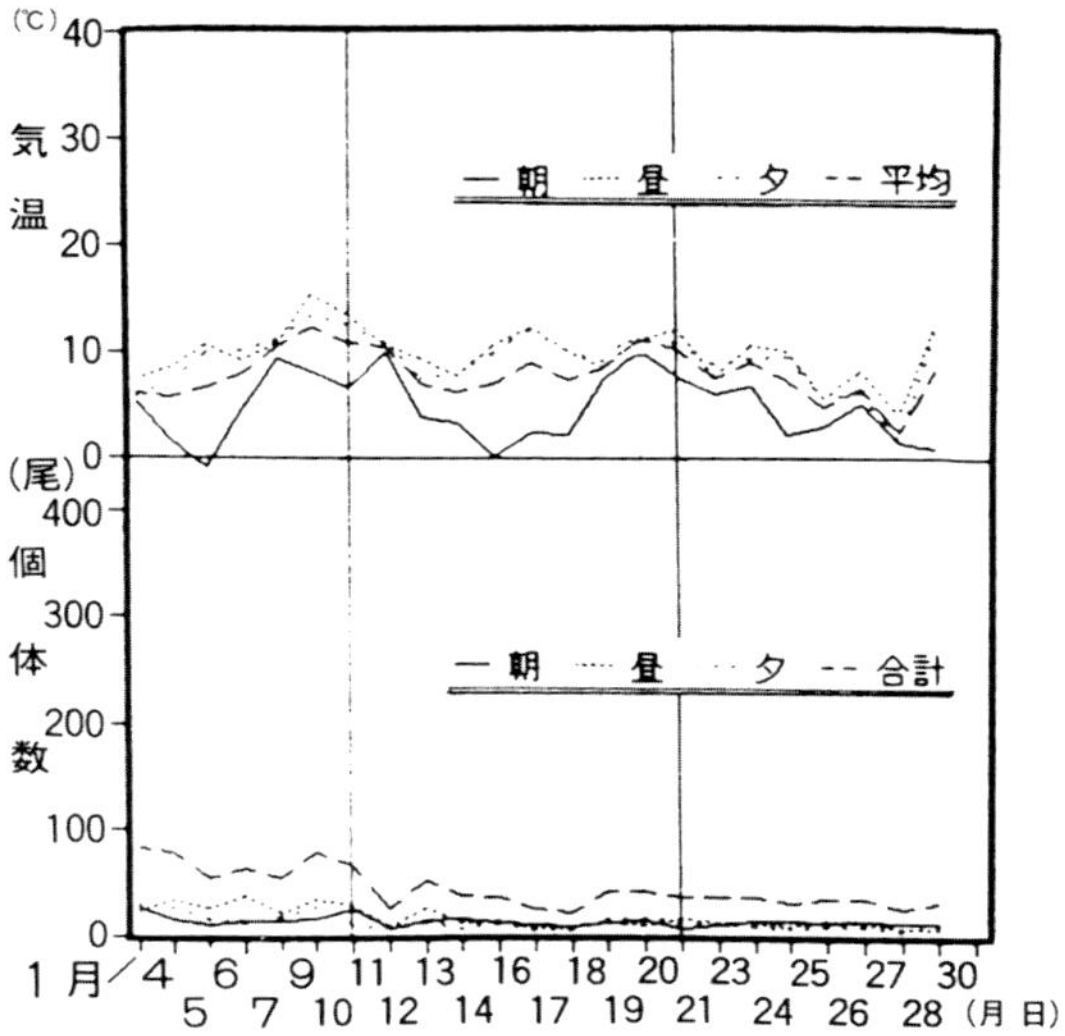

5月気温

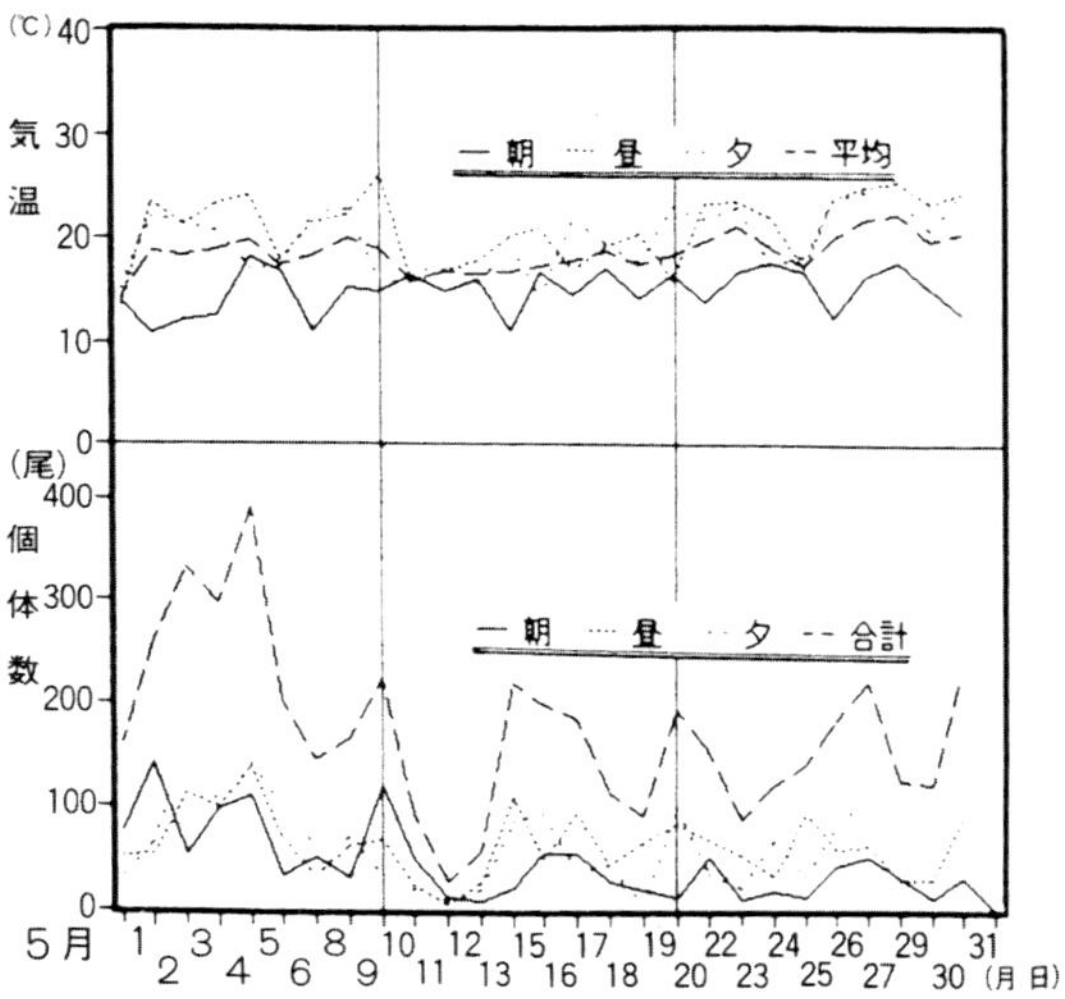

上のグラフは、それぞれA地域で1月と5月に採集したハエとカの仲間の毎日の個体数の変化について表したものです。1月に比べて5月の方が気温は高く、採集できた個体数も多くなっていることが分かります。また、5月の中でも気温の高い日は採集できた個体数が大概多くなっています。

また、1年全体を見てみると、左のグラフのように1週間ごとの気温の平均と1週間で採集できたハエ・カの合計数の移り変わりの様子がよく似ていることも分かりました。

1週間ごとの気温の移り変わり

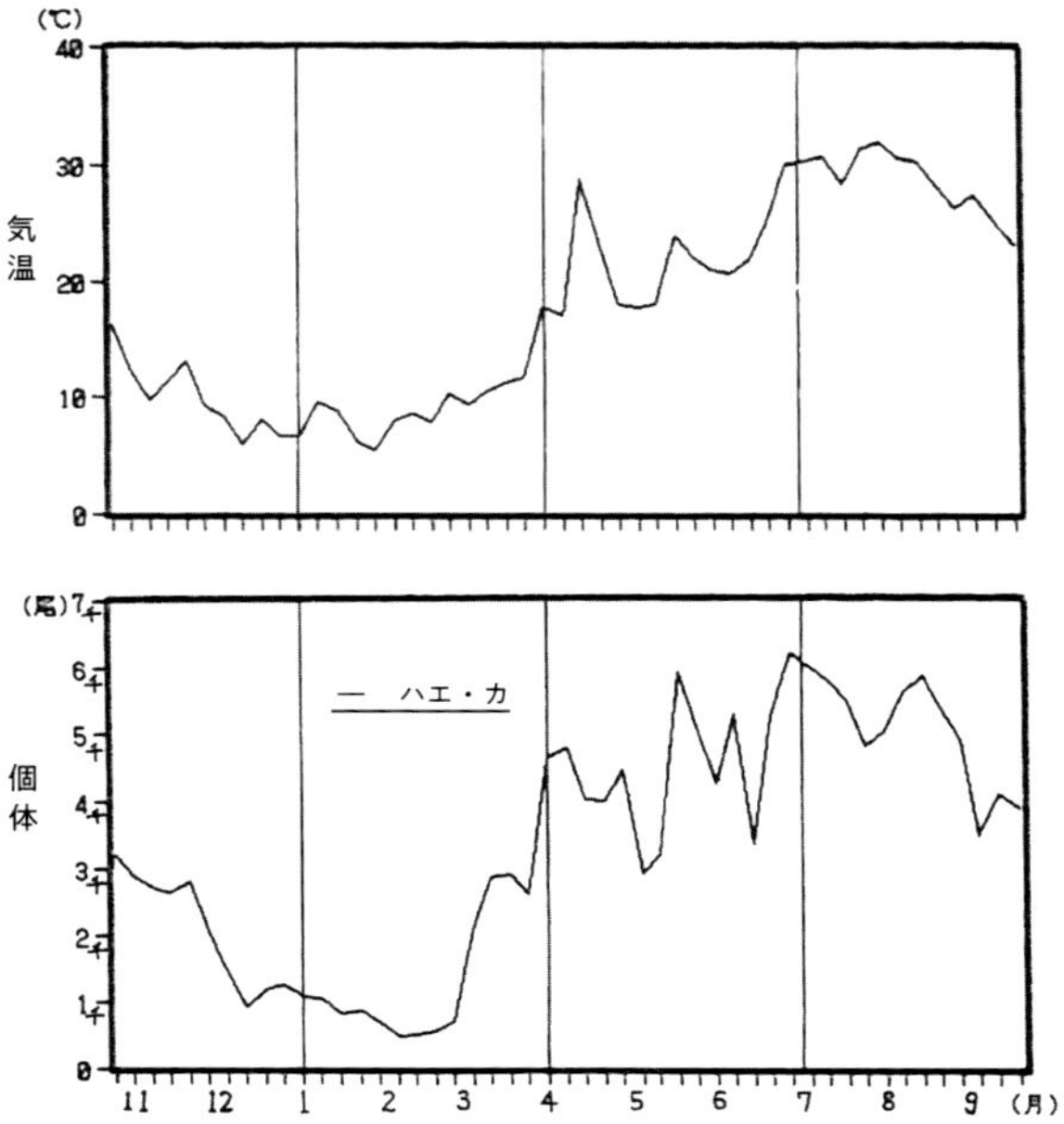

チョウ・ガは春
バッタは夏
キリギリスは秋

ハエ・カの仲間は、すくいとりで採集できる生き物の95％以上を占めています（冬はほとんど100％）。

しかし、ハエ・カ以外の生き物にも興味深いことがわかりました。

下の図は、ハエ・カの仲間を除く生き物の個体数の割合を円グラフで表したものです。4月ではチョウ・

4・6・8・10月における
ハエ・カの仲間以外の生き物の個体数の割合

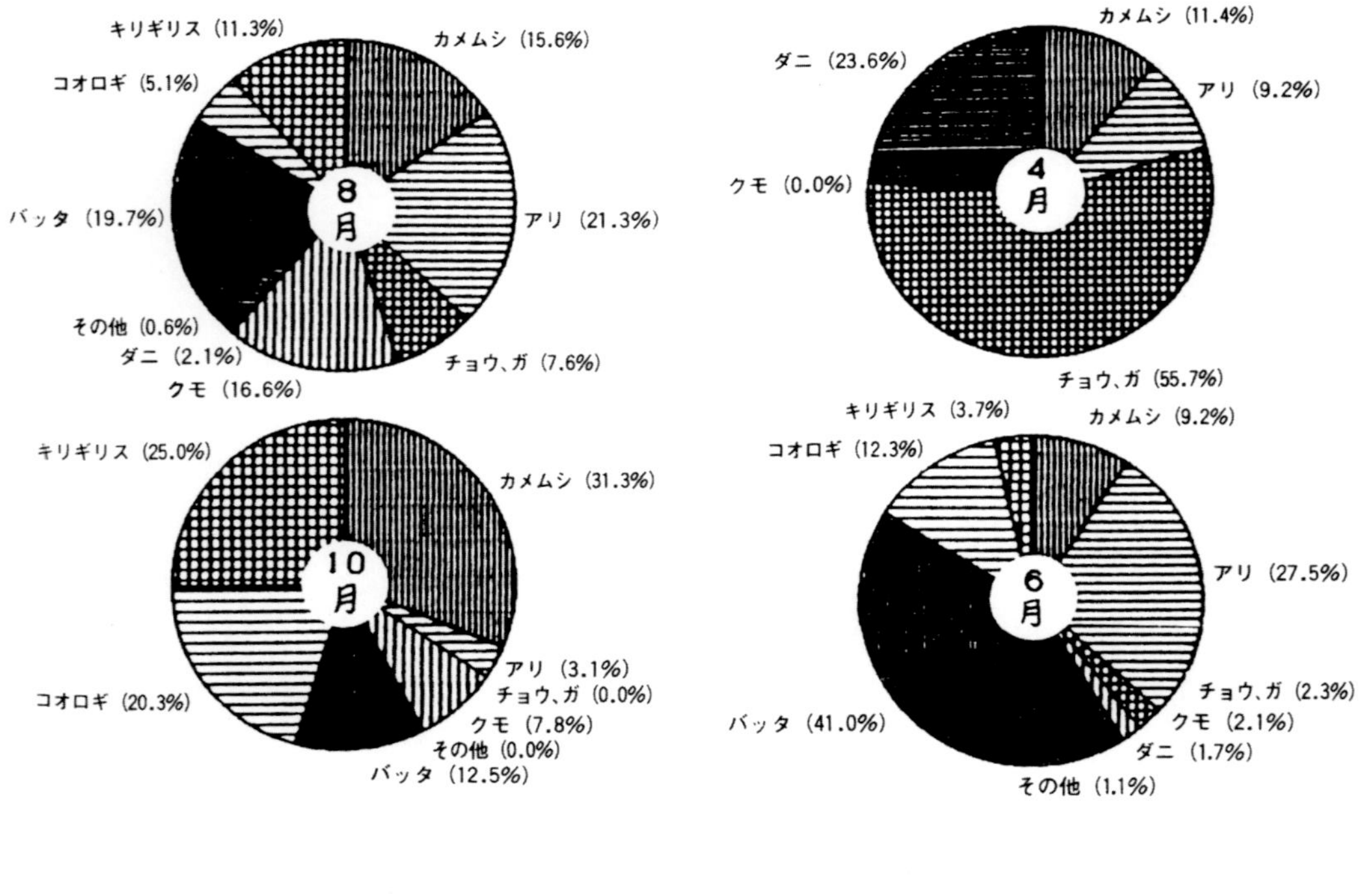

ガの仲間が半数以上を占めるのに、6月になると今度はバッタの仲間が多くなります。そして、そのバッタも8月、10月と季節が変わっていくとともに全体の割合が少なくなり、キリギリスやコオロギの仲間が多くなっていくのです。

すくいとりをするうちに、4人はその季節の植物とも関係があるのではないかと考えて、その時に生えている植物を上から見たり横から見たりして、採集できる生き物のすみかや餌などと大きな関係があることも見つけました。

また、彼らの研究は、後輩に引き継がれました。そして、晴、くもり、雨などの天気にも関係があることが分かり、その成果は、日本学生科学賞（国内で最も伝統と権威のある理科教育に基づく中学・高校生の公募コンクール）で入選しました。

やはり、これまでも述べてきましたが、根気強く、継続してやっていくことが、たくさんの素晴らしい発見をしていくもとになるのです。

みなさんもぜひ、捕虫網を使って、身のまわりの草むらで「すくいとり」をやってみてくださいね。

気付いたことをメモしておこう

11 ヤモリ・トカゲ・カナヘビそしてイモリの巻

冬のごみ焼き場での ヤモリ との出合い……

2月のある日、イチロウさんとワカナさんが、教室のごみを捨てに行った時のことです。

ごみ焼き場でごみを捨てようとした時、5㎝くらいの茶色の生き物がチョコチョコと動いているのを見つけました。

（以前は学校にごみ焼き場がありました。ごみを焼く焼却炉という機械があり、掃除をすると焼却炉のそばのごみを集める場所に係の人がごみを運んでいきました。）

2人は驚きました。と同時にこんな寒い日に何がいるんだろうと思いました。そして、すぐに捕まえようとしました。すると、その生き物はそばの壁を素早くよじ登っていきました。

2人がごみ焼き場で見つけたのは、ヤモリという名前の生き物です。寒い日でも、まわりよりも暖かいごみ焼き場のごみを捨てる場所の中で、きっと冬眠していたのでしょう。

では、少し、ヤモリの不思議な特徴を紹介しましょう。

ヤモリと同じ仲間のトカゲ（上）とカナヘビ（下）

ヤモリ（上段）とイモリ（下段）

吸着力をもった指

ヤモリは、形は右ページの写真で紹介してあるトカゲやカナヘビとよく似ています。ハチュウ類といって同じ仲間なのですが、トカゲやカナヘビは壁をよじ登ることはできません。

ヤモリが登ることができるのは、足の裏に指下板という特殊な器官が横板状に何枚も並んでいるからです。そして、この指下板の1枚1枚に0.1～0.2㎜くらいのかぎ状の突起があり、これをものの表面の細かな凹凸に吸盤のようにひっかけて動き回っていくことができるのです。

夏の夜、窓ガラスの向こうにペタリとくっついているヤモリの姿を見たことがある人もいると思います。今度出合ったら、足の裏の様子や動き方をじっくり観察してみましょう。

舌で眼をなめる

ヤモリを近くで観察してみると、トカゲやカナヘビと違って、目を閉じないことが分かります。これは、下まぶたについているウロコが透明な膜状になって眼球の表面をおおっているためです。そのため、眼は突き出したままで、外気によってかわいてくるので、自分の舌で眼をペロリとなめて湿らせます。この行動は素早く行われるので、じっと観察していないと見逃してしまいますよ。

捕まった時に鳴く

ヤモリを捕まえようとして手で握ろうとすると、キィーキィーと鳴くことがあります。

実は、ヤモリは〝鳴くトカゲ〟としてもよく知られています。

沖縄や東南アジアにいるヤモリは夜になるといつでも鳴きます。わたしが、以前、東南アジアのタイという国で見つけたヤモリも大きな声でケッケッケッケッと鳴いていました。

英語名のgecko（ゲッコゥ）は、ヤモリの鳴き声からつけられたものです。

まわりの色で体色が変わる

2人がごみ焼き場で見つけた時のヤモリは、濃い茶色でした。しかし、手のひらに乗せて観察したりしているうちにその茶色の濃さが薄くなりました。

ヤモリはまわりの色によってからだの色の濃さを変化させる生き物なのです。（このような生き物はたくさんいます。調べてみましょう。）

自分の尾を切る

同じ仲間のトカゲなども自分の尾を切ることはよく知られています。

その中でもヤモリの尾は切れやすいことで有名です。下はその写真です。切れた尾は再び素早く生えてきます。この生え方が、気温によって長さや表面のウロコの大きさに違いがあることも、ある種のヤモリでは分かっています。

でも、どうして尾を切るのでしょうね。考えてみましょう。

尾が切れたヤモリ

ヤモリは家守　イモリは井守

ヤモリは「家守」と書くようにハエやカをなどの害虫を食べて家にすんでいます。お宮などに多いことから「守宮」とも書きます。

ヤモリとよく似た名前の生き物にイモリがいます。イモリは「井守」と書くように冬眠の時以外はいつも水中で生活します（冬眠は穴の中や石や枯葉の下）。谷川や川や池などにすみ、別名「赤腹」といわれるようにお腹が赤と黒のまだら模様になっています。オスとメスは尾の先の形で区別できます。

イモリは水トカゲとも呼ばれますが、トカゲやヤモリなどと同じ仲間（ハチュウ類）ではなく、カエルやサンショウウオと同じ仲間（両生類）なのです。

ハチュウ類と両生類の違い

ハチュウ類と両生類の違いはいくつかありますが、中でも卵と、卵から生まれた赤ちゃんの様子は大きく違っています。

ハチュウ類は、上の写真のカナヘビのように、陸上に産んだ硬くて弾力性のある、殻のある卵から親と同じ形の赤ちゃんが生まれます。それに対して、両生類は、下の写真のイモリのように、水中の藻の中に産みつけた柔らかい卵から親の形とは違うオタマジャクシが生まれ、大きくなるにつれて親の形に近づいていきます。

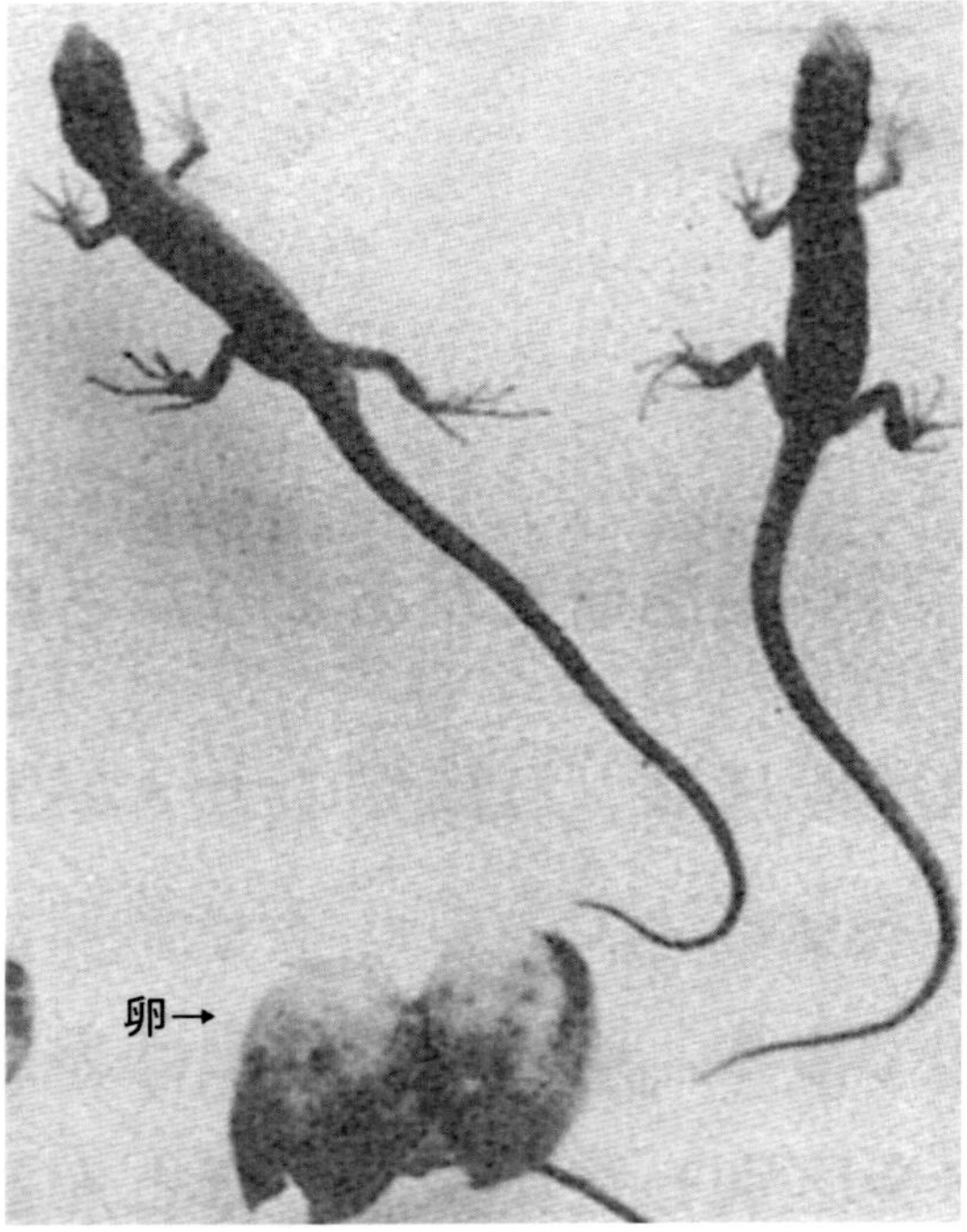

卵から生まれたカナヘビの赤ちゃん

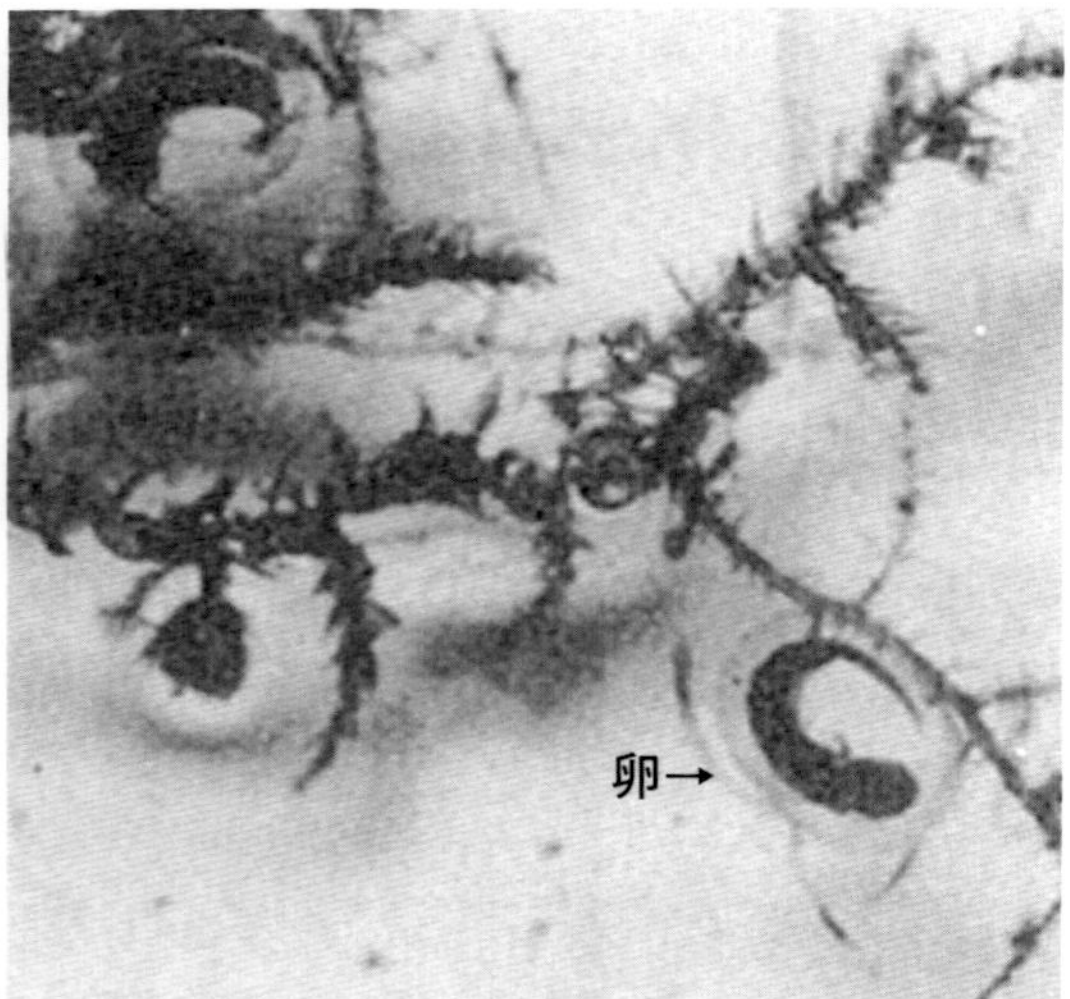

イモリの赤ちゃんと卵

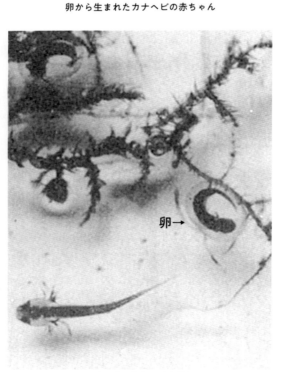

この間の呼吸方法も違います。ハチュウ類では、赤ちゃんの時から肺で呼吸するのに対して、両生類では、オタマジャクシの間はエラで呼吸し、大きくなるにつれて肺や皮膚で呼吸するようになるのです。

ヤモリやトカゲ、カナヘビ、そしてイモリなど、みなさんも飼育して、たくさんの不思議を発見してみましょう。

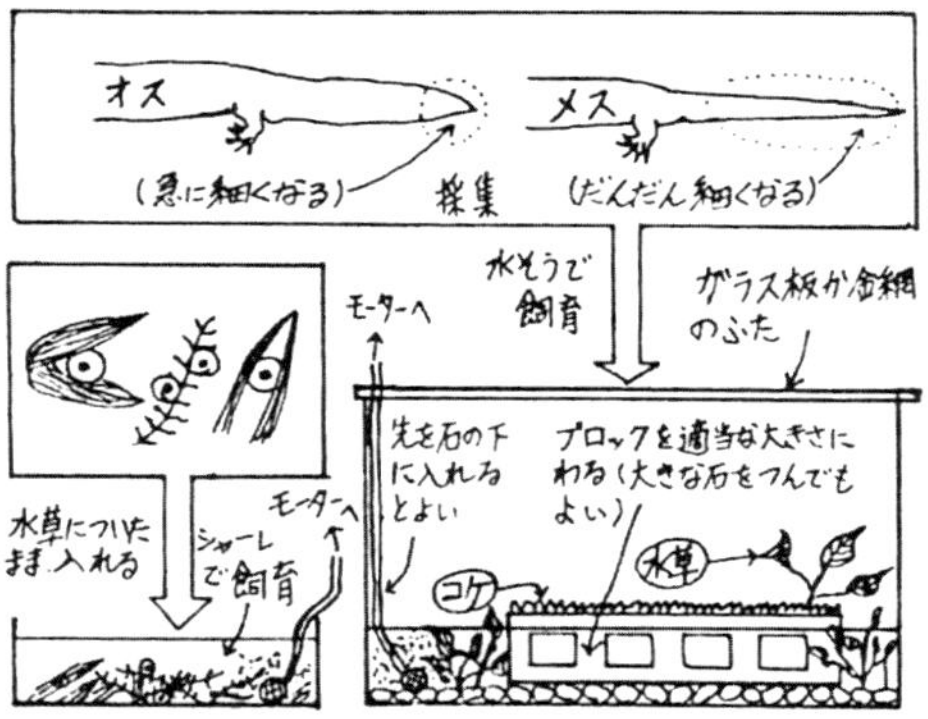

イモリの採集と飼育

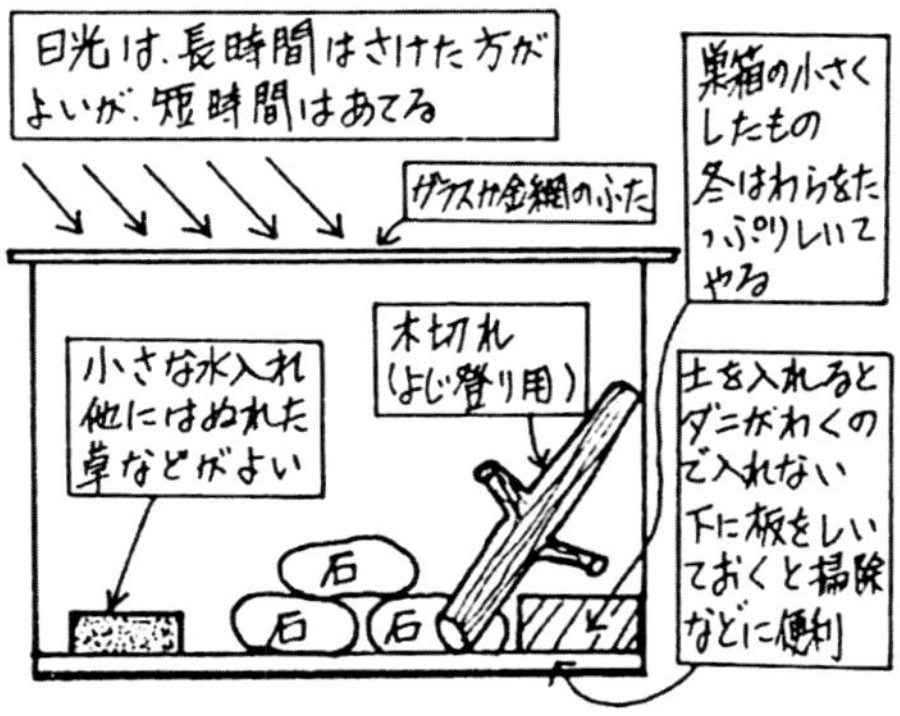

トカゲ・カナヘビ・ヤモリの飼育

気付いたことをメモしておこう

12ー ギフチョウの巻

ギフチョウとの出合い

カタクリとギフチョウ

40年以上も前のことです。

4月初めに山県郡伊自良村（現在山県市伊自良）の雑木林を歩いていました。この時期に咲く美しい花、ショウジョウバカマとカタクリの花を見に行ったのです。どちらも、私の春の野山の散策シーズン明けを兼ねて見に行く花たちです。

雑木林の切り株に座って、カタクリの花を見ていた時のことです。少し離れたところで何か動いているのです。

静かに近づいてよく見ると、黄色のからだに黒じま模様、そして、赤い斑紋と瑠璃色の星を羽の後ろに付けた美しい羽根をもったチョウが、必死にカタクリの花の中に頭を入れていました。

これが、私とギフチョウとの初めての出合いでした。

ギフチョウは、明治16年、益田郡金山町祖師野で、後に初代名和昆虫研究所所長になられた名和靖さんが初めて採集し、「ギフチョウ」と命名されました。先ほど説明した羽の模様から別名「ダンダラチョウ」とも呼ばれています。（名和昆虫研究所は現在、「名和昆虫博物館」として岐阜公園内にあります。）

「春の女神」そして、長いサナギの期間

ギフチョウは、岐阜市周辺の平地から山地にうつるあたりにも見られる美しいチョウですが、近年、見られる場所がとても少なくなっています。

3月下旬から4月中旬、ちょうど雑木林にショウジョウバカマやカタクリの花の咲くころに羽化（サナギからチョウになること）します。

そして、約2週間、これらの花を訪れ、結婚する相手を探して交尾し、メスはウマノスズクサ科のカンアオイの仲間の若葉の裏に直径1㎜ほどの真珠のような光沢をもった卵を8〜10個産み付けます。

私の出合ったギフチョウは、きっとカタクリの花の蜜を吸っていたのでしょう。そして、栄養を体いっぱいにためて産卵し、短い春を終えて死んでいったのでしょう。

卵は約2週間でかえります。かえった幼虫はカンアオイの葉を食べて脱皮を繰り返します。4回脱皮を繰り返すと3㎝くらいの黒い毛虫になります。そして、5回目の脱皮をすると幼虫は落ち葉の中に入って黒褐色のサナギになり、約9週間眠り続けます。

ところで、サナギとなって長い眠りにつく頃のカンアオイの葉は硬くなり、あまり食べ物としては適さなくなります。まさに、自然の中で生き抜く「チョウとその食草」の不思議な、そして、素晴らしい生活史の一致といえますね。

ギフチョウが卵から羽化するまでの様子は
名和昆虫博物館や岐阜市科学館で
見ることができます。

1. 卵とフ化した幼虫

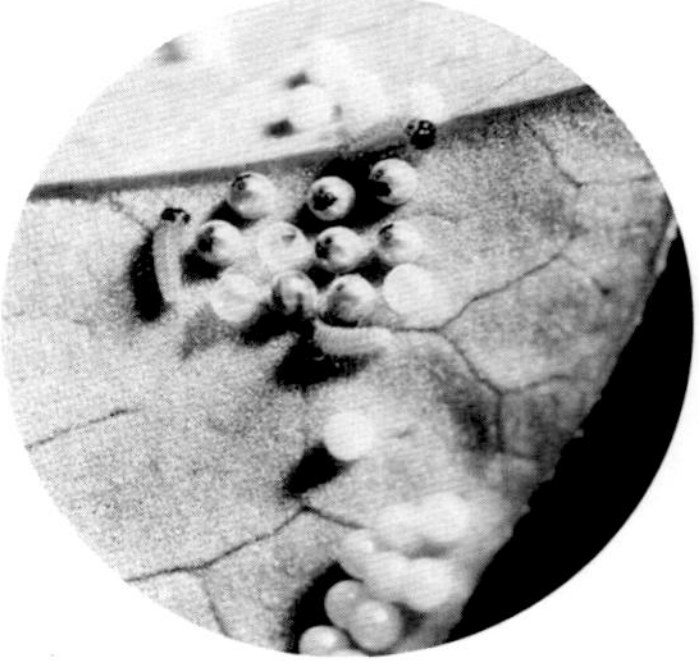

2. 幼虫になって

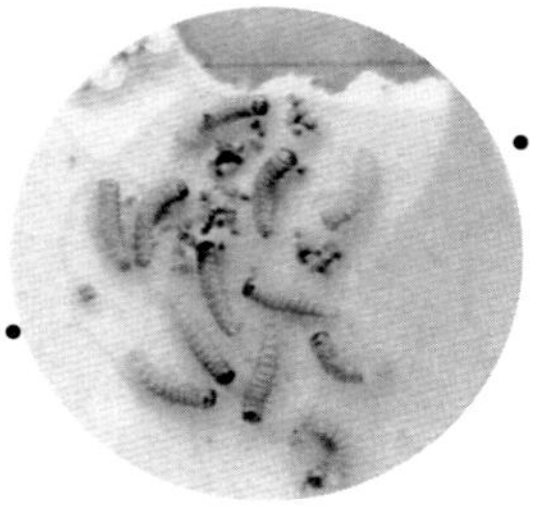

3. 大きくなって

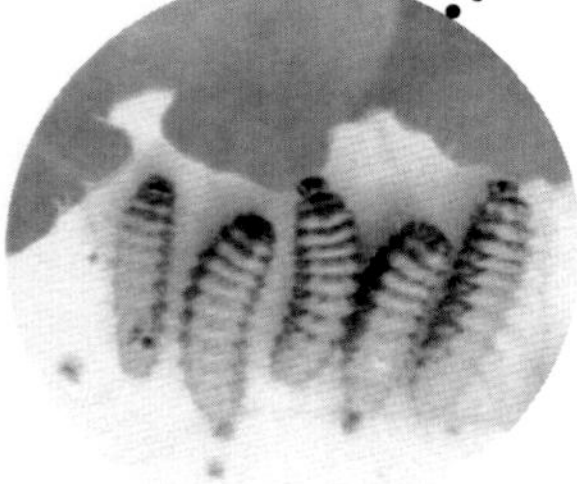

4. 黒くなって

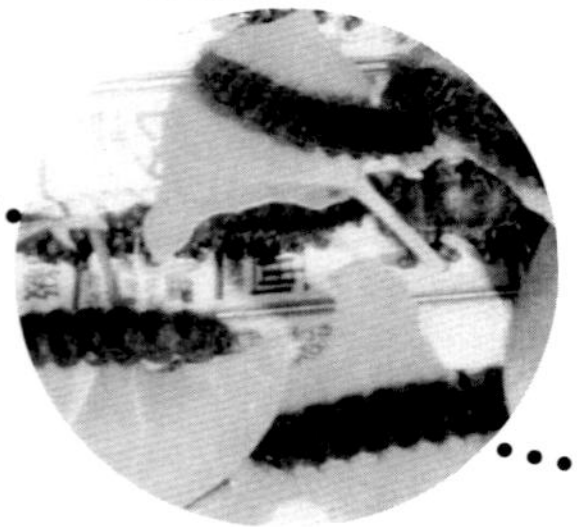

5. サナギに
なって

6. 成虫になりました

いつまでも見守り続けよう ふるさとの名前をもつ美しいチョウ

「春の女神」という別名をもつこのチョウも、毎年見に行くたびに少なくなっています。時には、一日がかりで多くのギフチョウを採集している人も見かけます。私が初めて出合って以後、毎年見に行くたびに採集している人がいる場所がありましたが、そこではほとんど見られなくなってしまいました。

他にも、以前はカタクリやショウジョウバカマが山の斜面全体に咲いている場所があり、多くのギフチョウが見られた場所がありましたが、今は、宅地や荒れ地になってしまって、全く見られなくなってしまいました。

ふるさと「岐阜」の名前をもつギフチョウ、いつまでも、早春の野山で、美しい姿と出合えるように、お互いに見守っていきたいものですね。

昨年も伊自良でギフチョウに出合うことができました。

初めて見てから、四十数年、あの時の子孫が毎年、毎年、同じ場所で繰り返し世代交代をしている……、とても感動しました。

気付いたことをメモしておこう

自分の植物地図を作ろう

カズイチさんは、3月、プランターに土を入れておきました。すると、5月の初めには、下の図のようにたくさんの植物が生えていました。

ミドリさんは、4月の連休に、家の近くにある街路樹の根元の1㎡くらいの場所の植物観察をしました。下の図のように、アスファルトの道路のほんの少しの土の部分にも、たくさんの植物が生えていることに驚きました。

2人のように、身のまわりのほんの少しの場所に目を向けてみると、場所によっていろいろな種類の違う植物に出合うことができます。

時々、その分布の様子を地図に書いて残しておきましょう。そして、季節によってどのように変化していくのか調べてみましょう。

- 分布図は記号で表しても名前で表しても良い。
- 上から、横から、いろいろな方向から表してみよう。

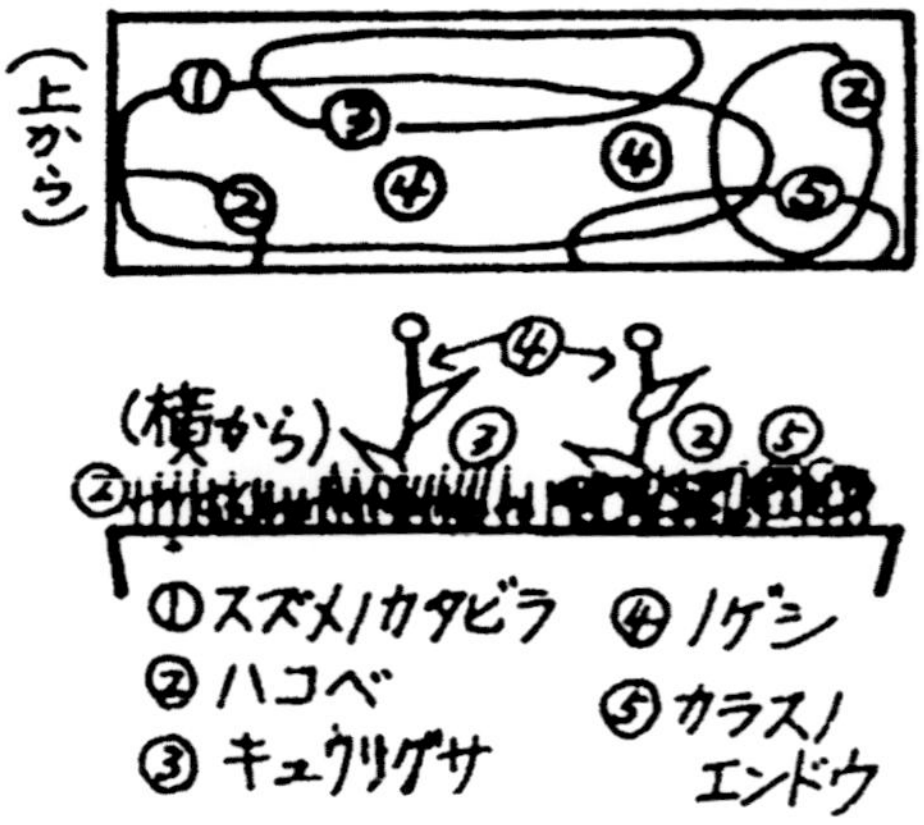

⇧（カズイチさんの植物地図）

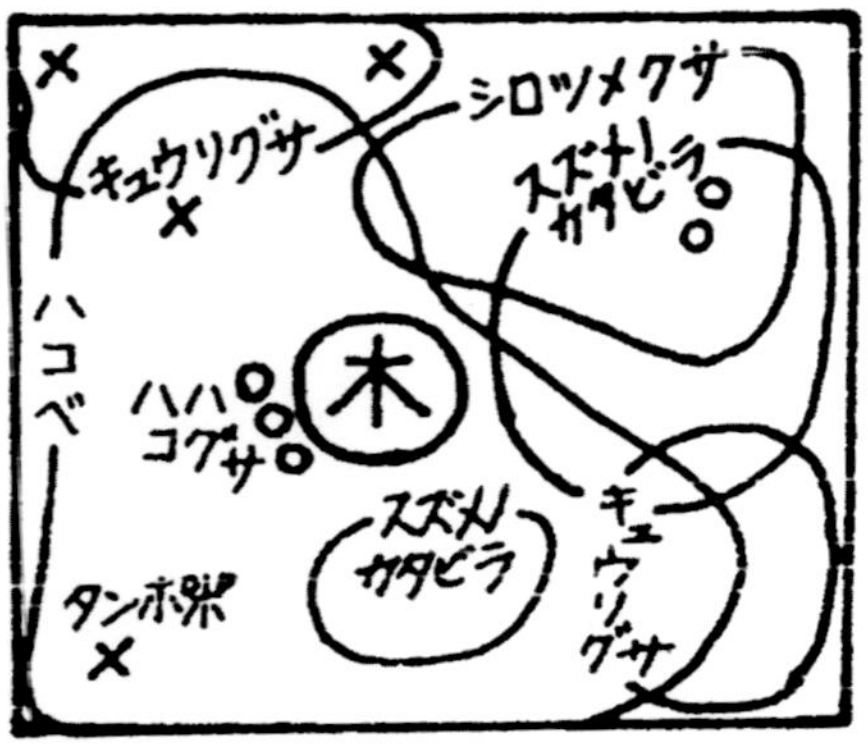

⇦（ミドリさんの植物地図）

身のまわりの植物地図～プランターに入れた土と街路樹の根元～

自分の草、自分の木
私の植物図鑑を作ろう

（図1）

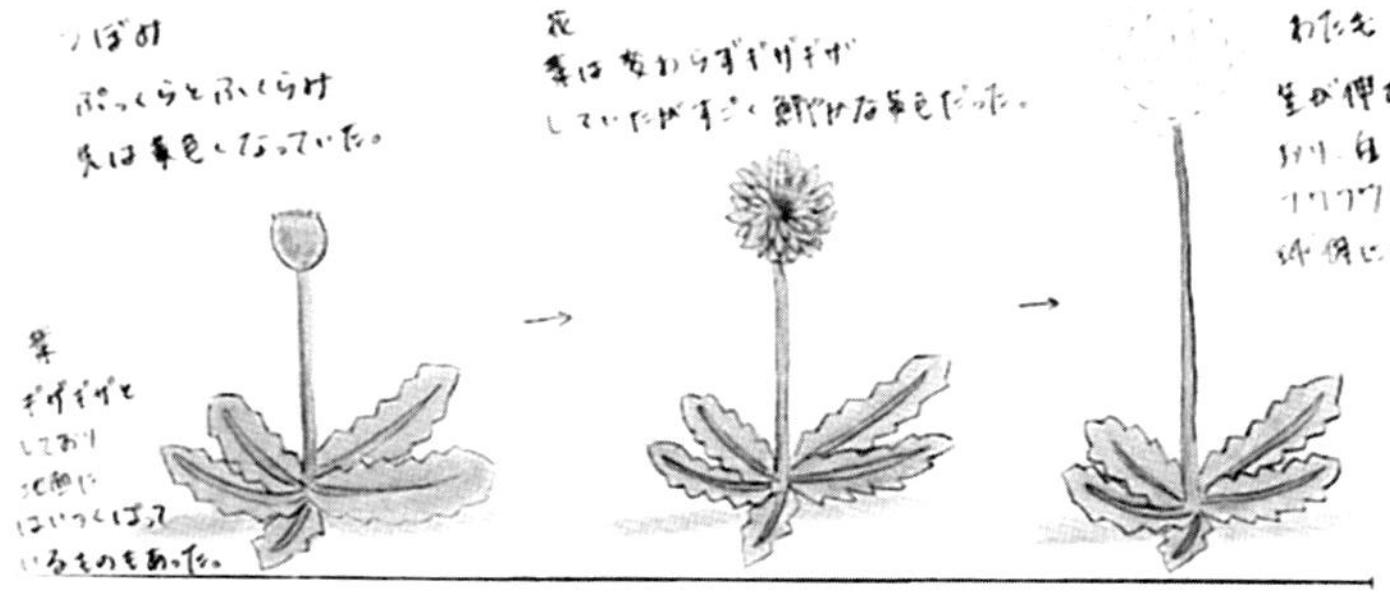

↑タンポポのつぼみから花、綿毛

↓ハナミズキの花

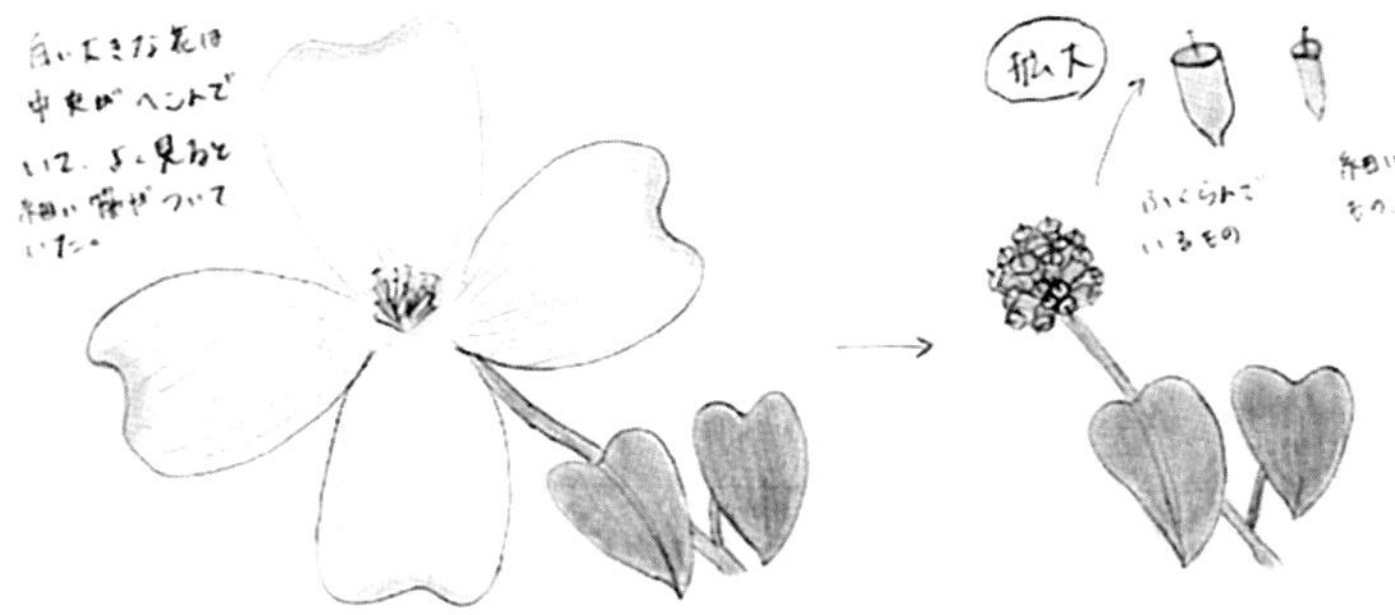

地図だけでなく、自分のお気に入りの植物を「自分の草」、「自分の木」と決めてスケッチして、気が付いたことを記録して、「私の植物図鑑」を作りましょう。その時、自分の目だけではなく、虫メガネやルーペも使って、根・茎・葉や花のつくりや成長の様子をくわしく調べて記録しましょう。

さらに、「自分の草」は3週間くらい、数日ごとに観察して、つぼみ→花→実にどのように変化するかを記録しましょう。また、「自分の木」は「自分の草」よりも変化が遅いですから、継続的に観察して、葉の茂り方から花から実になる様子などを調べて記録しましょう。図1はチヅルさんのタンポポとハナミズキ、図2はリョウヘイさんのスズメノカタビラ、図3はレイコさんのムラサキサギゴケとカタバミの植物図鑑です。

（図2）

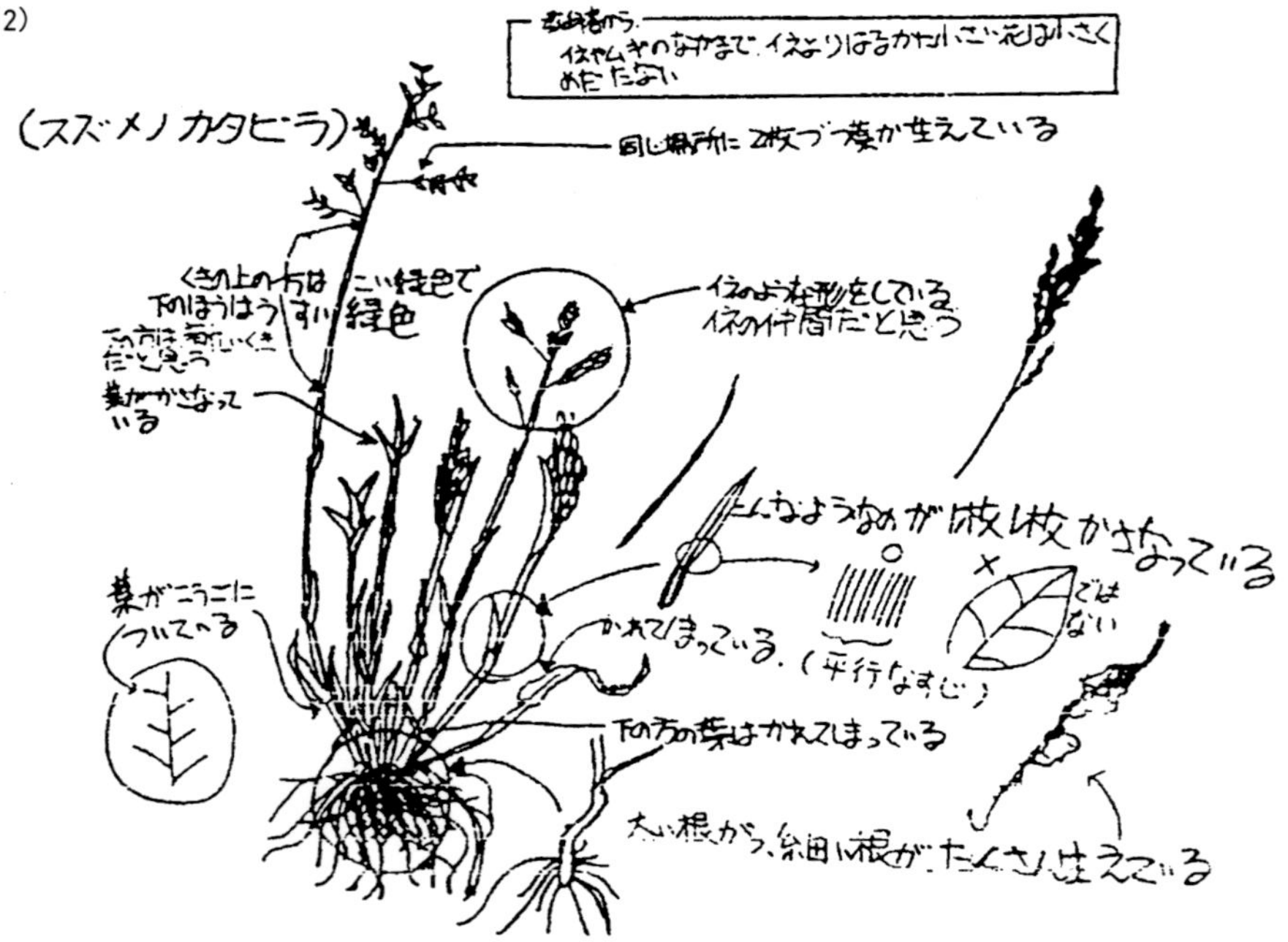

（図3）

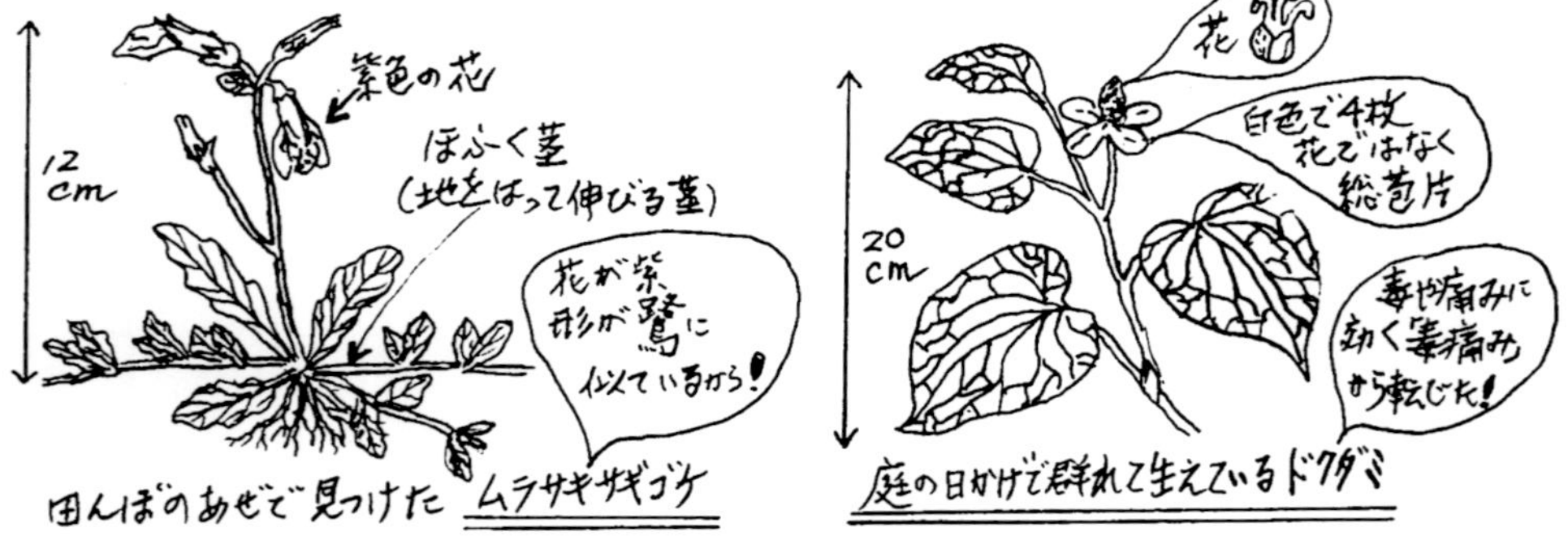

「植物地図」も「私の植物図鑑」も自分の観察場所を決めて観察し続けると、植物を通して、季節の移り変わりを感じることができるでしょう。写真なども撮って活用しましょう。

また、友だちと協力して、お互いに調べたことをレポートにまとめると、その植物のことがより深く理解できます。図4に「みんなで作ったタンポポレポート」の一部を紹介します。

（図4）

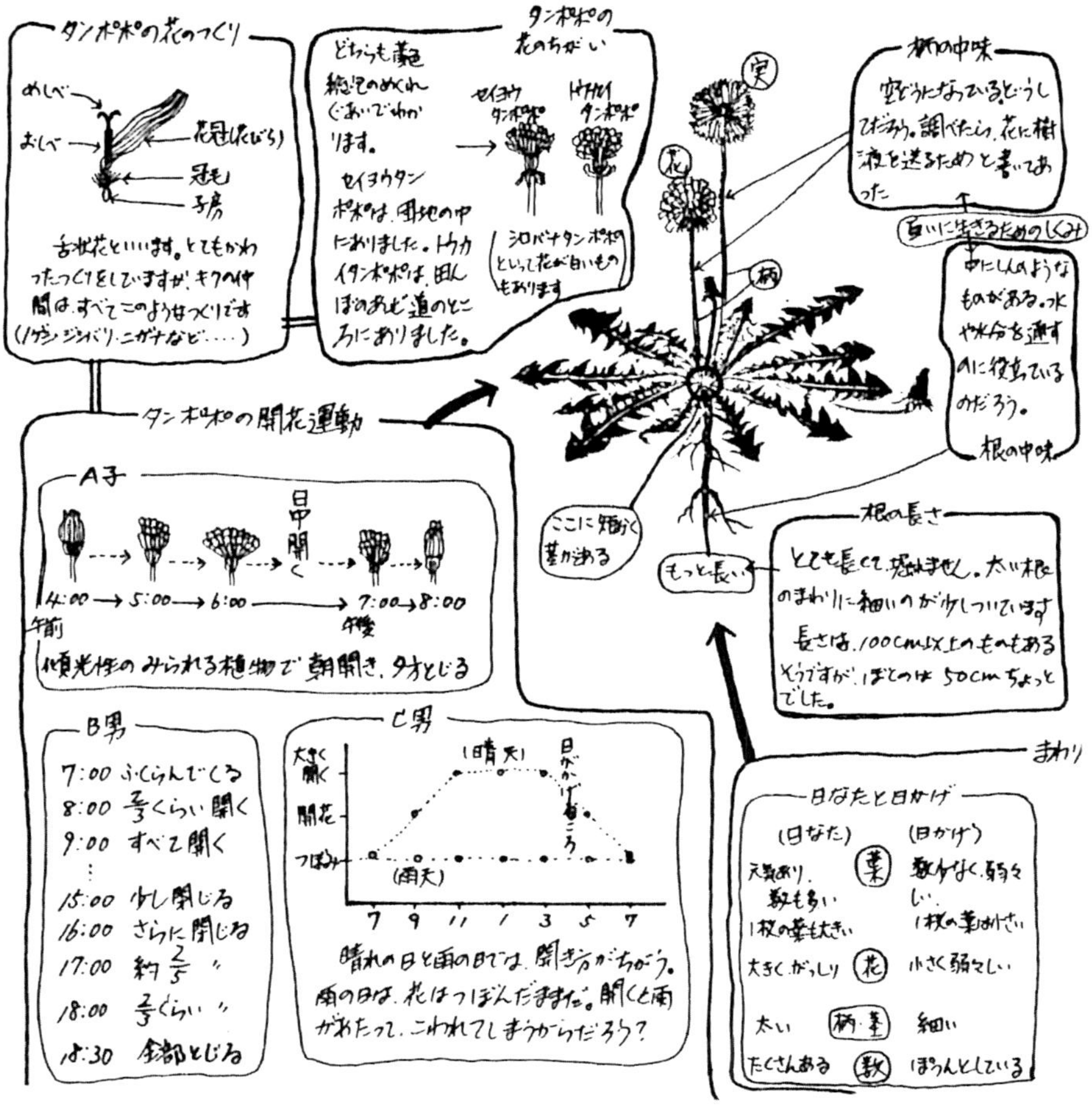

気付いたことをメモしておこう

【私の植物図鑑】「自分の草」

植物の名前（　　　　　　）

自分の草を決めて、つぼみ→花→実に成長する変化などを観察して、スケッチしてまとめよう。
写真などを撮ったり図鑑やインターネットで調べたりしたことも加えてみよう。

【私の植物図鑑】「自分の木」

植物の名前（　　　　）

木でもトライしましょう！
紅葉や落葉もするでしょうか？

14 アジメドジョウの巻

アジメドジョウは珍しいドジョウ

アジメドジョウという名前をご存知ですか。見たことがありますか。

アジメドジョウは、日本の本州の中部にしかいない珍しいドジョウです。

以前から、多くの人々が捕ったり食べたりしていましたが、全国の研究をしている先生もシマドジョウと同じ仲間であると考えていました。

昭和12年、丹羽彌先生は、長年の形態(からだのつくり)、生態（卵から親までの様子や生息環境）、分布などの研究によって、シマドジョウとは違う種類のドジョウであると分類・発表されました。

アジメドジョウとシマドジョウの違いについては、一度、図鑑やインターネットなどで調べてみてください。私自身、川に潜って調査する時は、「からだの模様」と「口の付き方と形」で区別しています。

アジメドジョウの名前はどこから？

「アジメ」という名前は、丹羽先生の発表される前から、普通に使われていました。では、この名前は、どうして付けられたのでしょうか。丹羽先生の書かれた「木曽谷の魚」には、

「ヤマメ」を「山間渓流にすむ姿の美しい魚」として、「山女」と書かれるのと同様、「アジメ」は

「食べると非常においしく、姿の美しい魚」として、「味女」と書かれるところからつけられた名前であろう

と述べられています。

先生自身も、この魚の標準和名（日本中の共通の名前）もこのアジメをとって、「アジメドジョウ」と付けられました。さらに、学名にも「おいしい」の意味と「姿やさしき」という意味を兼ねる言葉として、delicate という言葉を使い、Niwaella delicata と付けられました。

アジメドジョウは美しい川のバロメーター

昭和60年から62年にかけて、岐阜県内のアジメドジョウの調査が行われました。その結果が、次のページの図です。これは、岐阜県内にある川に潜って、アジメドジョウのすんでいる様子を調べ、その結果から川を4段階（1㎡あたり、0尾、0～1尾、1尾以上および、調べられなかったがいると考えられるところ）に模様で分けて作成したものです。

残念なことに以前たくさん見られた川でも、少なくなったり全然見られなくなったりしています。私自身

は長良川で調べましたが、流域の人とお話ししていると、「最近少なくなった」とか「もうここではいなくなってしまった」とかいう声を多く聞きました。

岐阜県内における
アジメドジョウの生息分布図

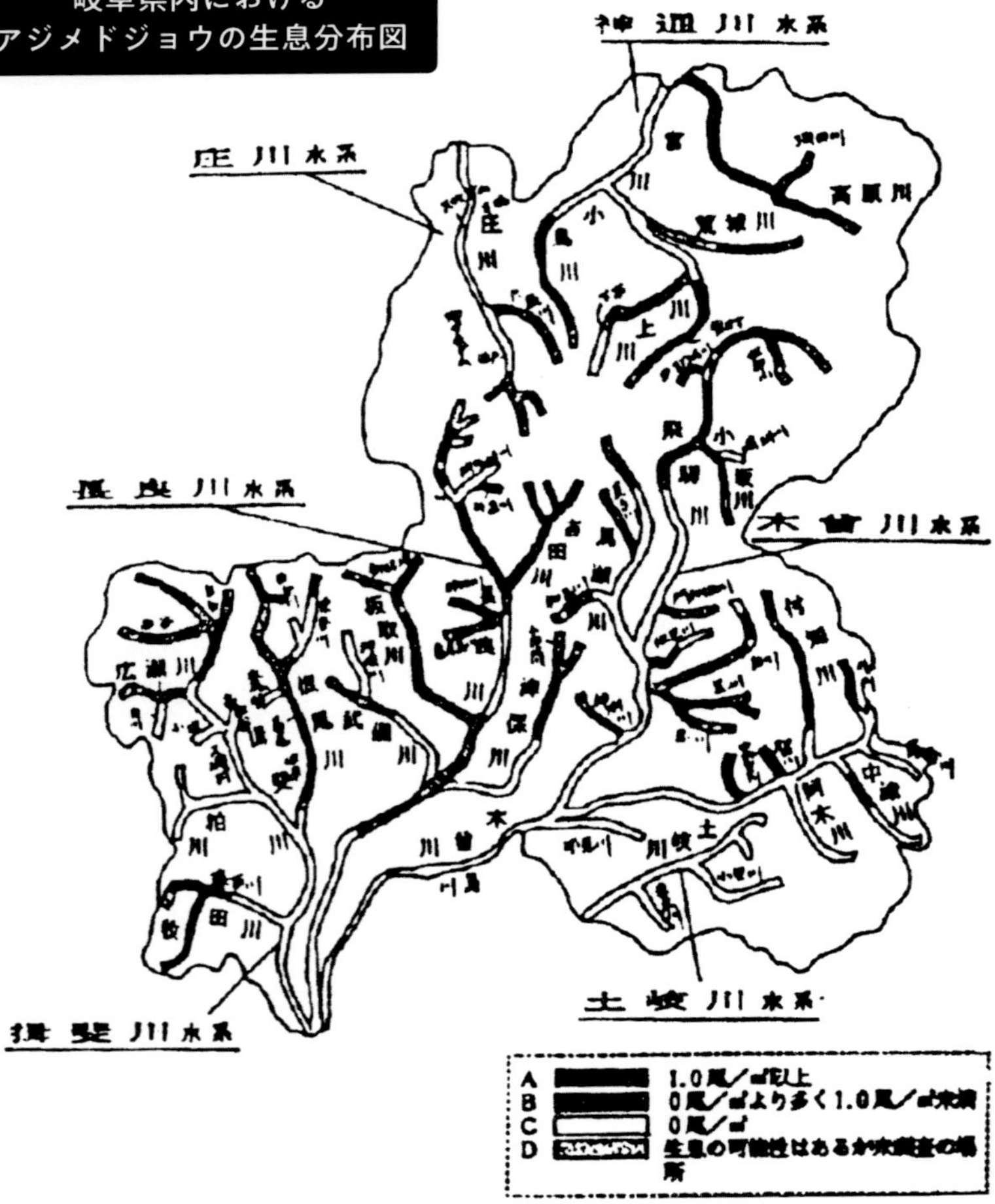

その原因はいろいろあると思います。

アジメドジョウは、浮石といって、川の中で土砂に埋もれずにゴロゴロしている石の隙間の中にすんでいます。しかも、その奥から湧き水のあるところに潜って、秋から冬にかけて産卵をします。

ですから、その浮き石が川の改修工事や上流域の宅地造成工事などで流される土砂によって埋もれてしまうと、すみかがどんどん狭められていくのです。

他にも美しい水を好みますので、生活排水や農薬などの影響で死滅してしまった谷もありました。

私は、長良川水系のすべての川に潜ってみて「アジメドジョウは、美しい川のバロメーターである」と思いました。

長良川の本流を見ると、アジメドジョウは、金華橋の下流にまで見ることができました。

長良川の上流には、土砂がたまったり、汚れを示す藻類が生えているために全く見られないところもありましたが、吉田川や板取川、武儀川などの清流が流れ込むことによって、「川が川に浄化されている」ことを改めて知りました。

登り落ち漁と捕れたアジメ

写真は、郡上市の長良川でアジメドジョウやヨシノボリなどを捕る「登り落ち漁」の様子です。流れを板でせき止めて上流に進めなくなった魚が左にある箱の中に落ち込むという仕掛けです。

現在も岐阜市内の長良川でもこの漁法を見ることができます。

これからも、いろいろな川で、アジメドジョウに巡り合いたいと願っています。

気付いたことをメモしておこう

15 ミミズの巻

土の中にすむ生き物で、だれもが名前をあげるものの中に「ミミズ」がいるでしょう。みなさんも一度や二度は、ミミズを触ったことがあるでしょう。

ミミズはどっちが前ですか？

ミミズのからだは、細長く丸い形をしています。

「ミミズのからだは、どちらが前ですか」

授業をやっているとまず問題になることです。みなさんは、どこで見分けますか。

ミミズのからだをよく見ると、ゴム管のようなからだの中に、一部分に少し色が違って太くなり、からだを帯のように巻いているところがあることに気が付くと思います。

ミミズのえりまき、とでもいえるこの部分のことを環帯といいます。そして、この環帯のある方が前なのです。

ミミズを半分に切るとこの環帯のある方は再生（再び残りの部分が伸びてくる）しますが、ない方は再生しません。

ミミズは、どうやって動くかな？

左ページの図のように、ミミズを使っていろいろな観察をしてみましょう。

ミミズのからだにはいくつもの節があります。いくつあるか数えてみましょう。

懐中電灯などで前や後ろの部分に光を当てたり、透明な筒に入れて一部を暗くしたりしたら、どのような動きをするでしょう。明るさで動きが変化するのでしょうか。

ミミズは、手も足も骨もありませんが、どうやって動くのでしょうか。

ミミズの観察のいろいろ

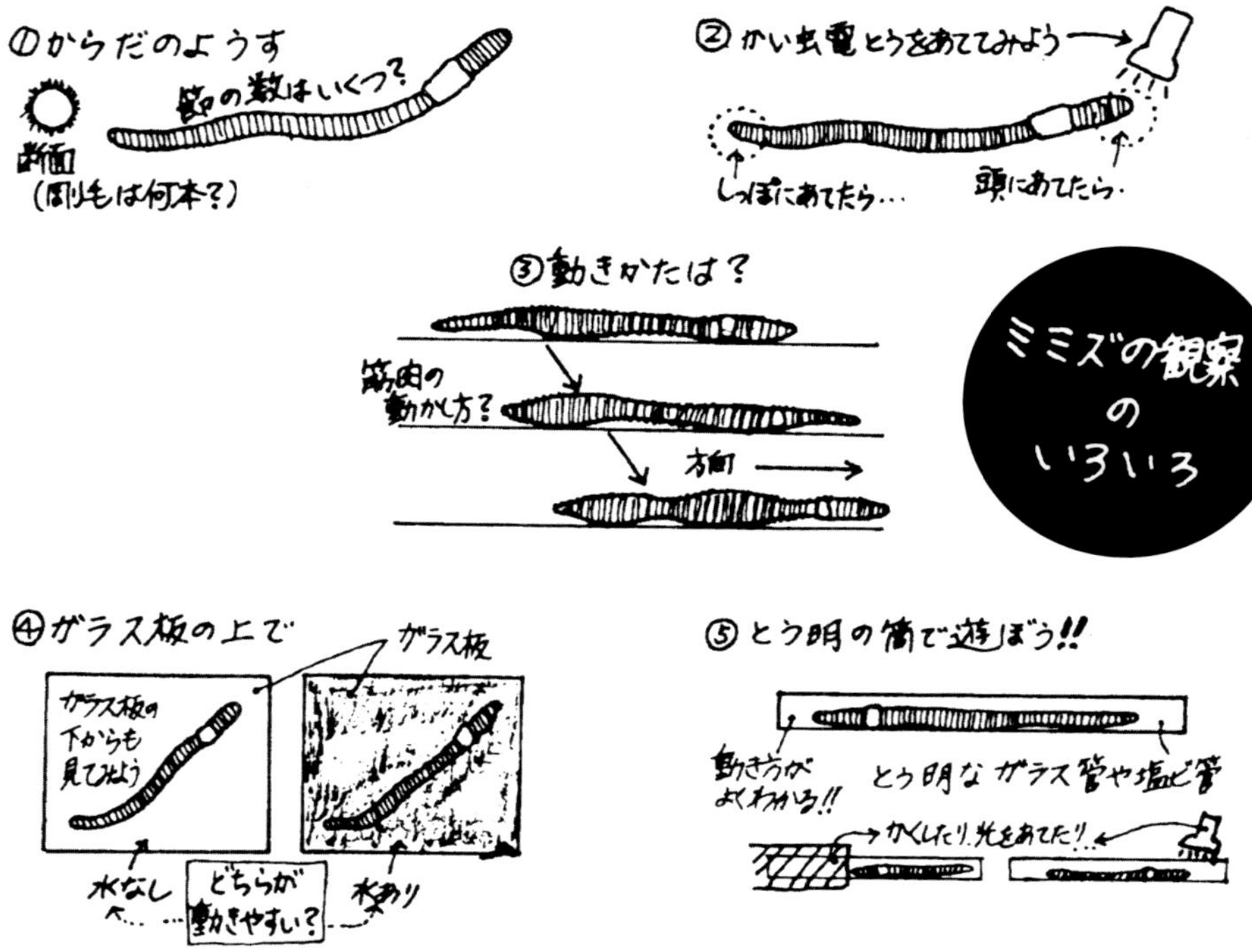

ミミズに触ってみると、からだの表面が粘液（粘り気のある液）で濡れていることが分かります。さらによくさわってみると、からだの表面がザラザラしていることが分かります。

この濡れていることと、ザラザラしていることがミミズの動くことに関係があるのです。

ザラザラしているのは、からだの表面に剛毛という毛がたくさんついているためです。

図の④のように、ガラス板の上でミミズを動かしてもすべることはありません。粘液と剛毛とですべらないようにして、からだの筋肉を伸ばしたり縮んだりさせて動くことができるのです。しかし、ガラス板の上を水で濡らすと、すべって動きにくくなります。

さて、ミミズは、乾いた土と湿った土ではどちらを好むと思いますか。このことを調べるためには、どのような環境を作って調べればいいと思いますか。考えてみましょう。

役に立つミミズ

ミミズの役割はいろいろありますが、代表的なものを二つあげます。身近なところでは、釣り餌にすることです。

釣り道具屋に行くと、必ずミミズを売っています。別名キジ(ミミズを切ると黄色い体液が出ることから付けられたようです)ともいわれます。

一度買ってきて、全部を紙の上にあけてみましょう。直径数㎜の黄色の丸い粒を見つけることがあります。

これが、ミミズの卵のかたまりです。この中から何匹くらいの赤ちゃんミミズが出てくるのか調べてみるのもおもしろいですよ。

ミミズは釣り餌だけでなく、多くの魚の飼育の餌としても使われています。

そして、こちらはもっと大切なこと。自然界の厄介者を始末することです。

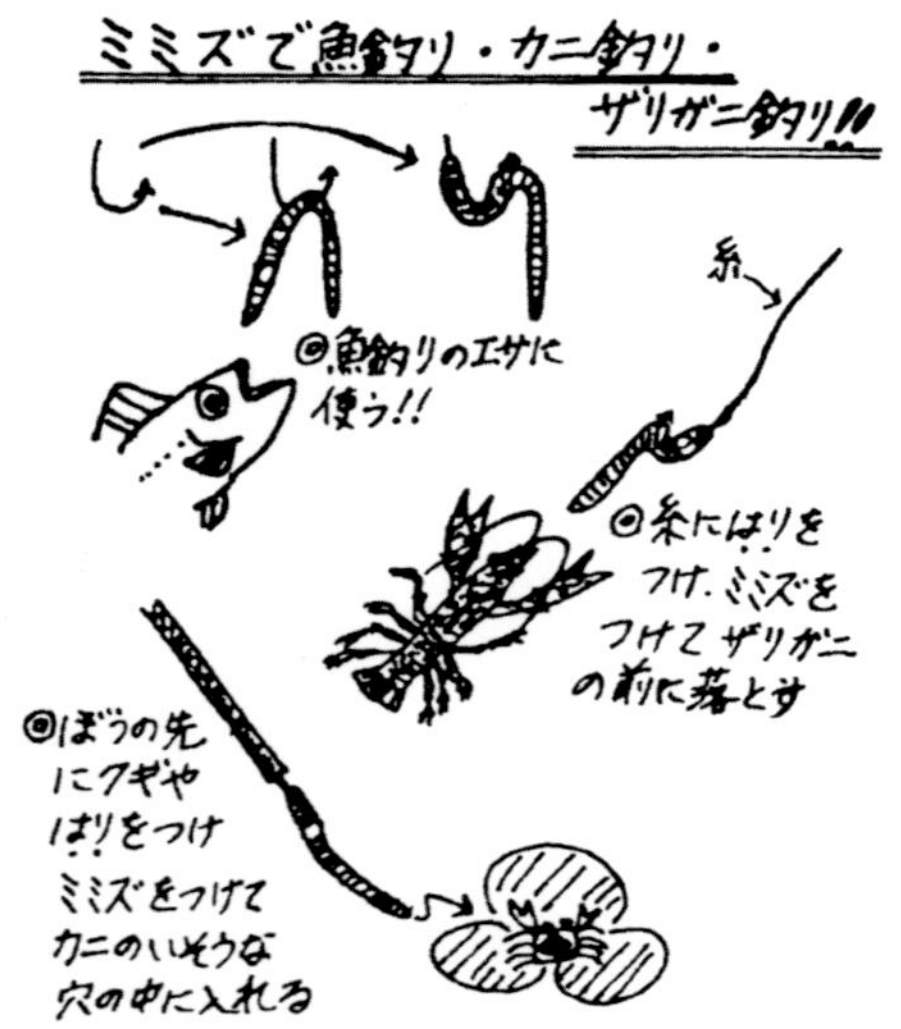
ミミズで魚釣り・カニ釣り・
ザリガニ釣り!!
◎魚釣りのエサに使う!!
糸
◎糸にはりをつけ、ミミズをつけてザリガニの前に落とす
◎ぼうの先にクギやはりをつけミミズをつけてカニのいそうな穴の中に入れる

ミミズは、腐った生物や飲食物の食べ残り、下水の汚物など、何でも食べてしまいます。

さらに驚くべきことは、食べたあとにミミズ自身の出す糞が、最高の肥料になることです。

「ミミズの多くいる土は肥えているので、作物がよく育つ」といわれるのもこのためですし、このミミズの糞は、ニワトリの餌や家庭菜園の肥料など、広く活用されています。

進化論で有名なチャールズ・ダーウィンもこのミミズの土を改良するはたらきに関する研究成果を発表していますし、このことが絵本にもなっています。

一つのからだに雌雄の両方の生殖器をもっているミミズ

普通の動物はオスとメスが別々にいて、交尾したり交接したりして子どもをつくります。しかし、多くのミミズの仲間は、一つのからだにオスとメスの両方の生殖器をもっています。このことを雌雄同体といいます。子どもをつくる時期になると、2匹のミミズがからだを逆方向に向けて、お互いの環帯の部分を接着することで交接を行って産卵します。釣り道具屋で購入したミミズの中にこの行動を見ることがあります。

ミミズの種類は？大きさは？

ミミズには、陸上だけでなく、淡水（真水）中にすんでいる仲間もいます。その種類は、研究者によって、世界中で2000種とも7000種ともいわれ、日本でも100種という人や300種という人がいます。つまり、まだまだ解明されていないのが現状です。また、ミミズの大きさは、南アフリカのミクロカエトゥス・ラピという種が最大で、長さが7.8mくらい（重さは30kg）になるそうです。日本のミミズで最大なのはシーボルトミミズで長さ40cmくらいになります。

気付いたことをメモしておこう

16　星空観察の巻

みなさんは、星座をどのくらい知っていますか。そして、どのくらい探すことができますか。

星や星座には、動物や身のまわりにある物の名前が多くあります。

しかし、Q1のように「知っている星座は？」と聞かれてすぐに出てくる名前は意外に少ないですし、さらに、Q2の「探せる星座」となると、ほんのわずかになってしまいます。

中学1年生100人に聞きました

Q1　どんな星座を知っていますか

第1位　北斗七星……94名
第2位　北極星……82名
第3位　オリオン座……46名
第4位　蠍座……34名
第5位　カシオペア座……23名

以下、星占いに出てくる星座や七夕で紹介される織女星（こと座のベガ）と牽牛星（わし座のアルタイル）等が数名ずつでした。（北極星などの星座の一部も正解にしました。）

Q2　自分で探せる星座は何ですか？

第1位　北斗七星……76名
第2位　オリオン座……35名
第3位　北極星……18名
第4位　蠍座……14名
第5位　カシオペア座……8名

知っている星座の数では、20個以上書けた人が3名、10個以上が8名、また、探せる星座では、10個以上が1名、5個以上が6名でした。

星空でいろいろな星座を探してみましょう

下の図は、カズヨさんが夏休みに作った「星座レポート」です。S字形の蠍座や夏の大三角形などが分かりやすく書かれています。夏の大三角形は、先ほど紹介したベガとアルタイルと白鳥座のデネブを結んだ形をいいます。みなさんも探してみてください。

カズヨさんのレポートの真ん中にある円形の図は夏の星座を大まかに表したものです。円の中心が、天の真ん中、みなさんが外に立った時の頭の真上を示しています。

この図をくわしくしたものが、「星座早見盤」です。興味のある人は先生に聞いてみてください。

星座に関する本は図書館や書店にたくさんあります。自分の興味に合った本を一冊選んで、始めから終わりまで読み切ってしまうことが大切です。その中には、「星座早見盤」の他にも、季節ごとに東西南北それぞれの空に見える星が、たくさん書かれていると思います。

さらに、探しやすくするためには、「プラネタリウム」に出かけることです。

プラネタリウムでは、その日やその季節に見ることができる星空を分かりやすく説明してくれます。見て

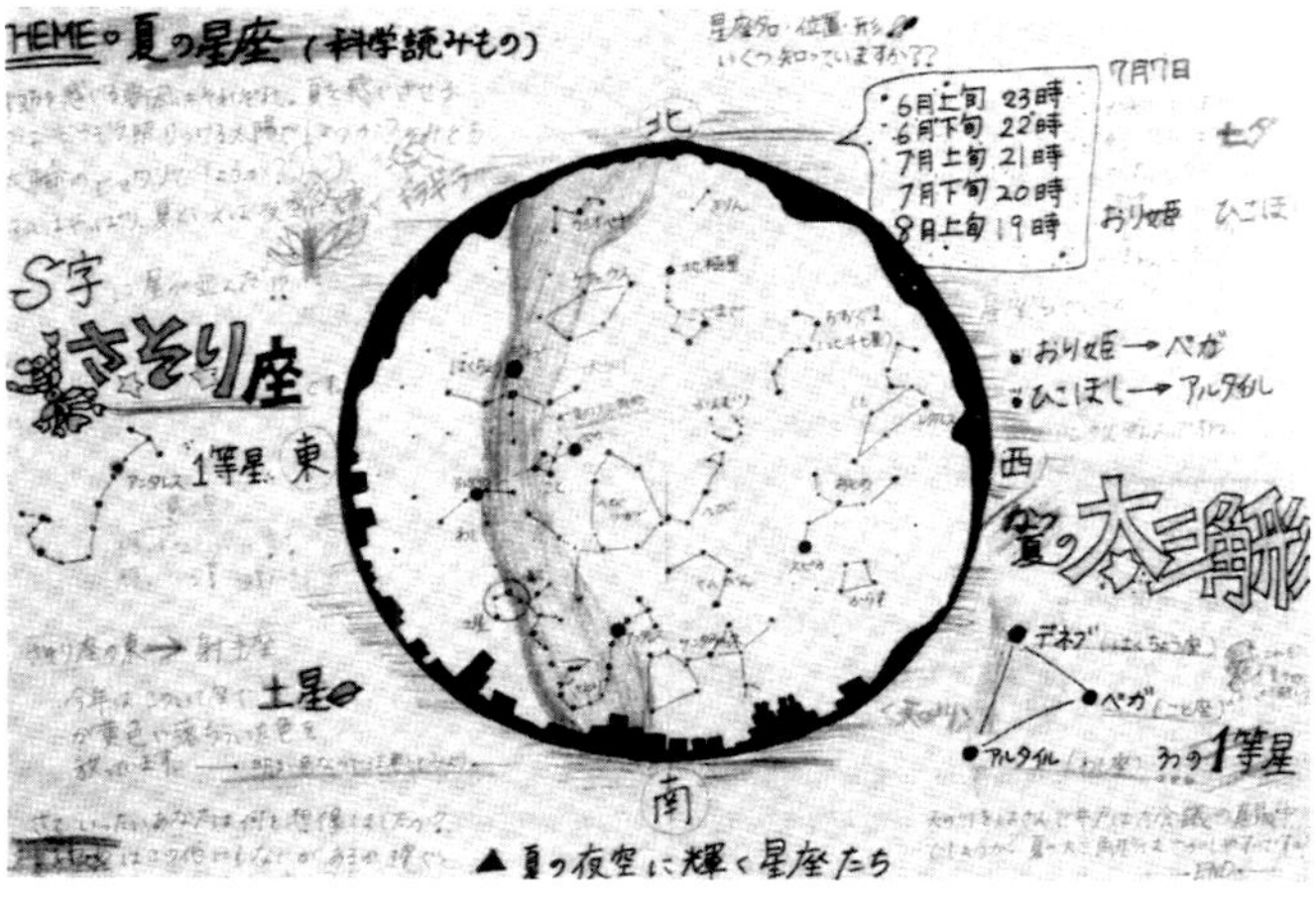

いる時や見終わった時、説明を聞いて自分で探してみたくなった星座の名前や形、見える位置や動き方をメモしておきましょう。分からないことがあったら、係の方に聞きましょう。

プラネタリウムに行くのは、その日の夜が晴れの予報の時が良いでしょう。プラネタリウムで見たり覚えたりしたことを忘れないうちに、すぐにその日の夜に役立てることができるからです。

家族全員で書店やプラネタリウムに出かけて、星座の勉強をして、その日の夜空をながめて星座の話をしましょう。そんな時、「我が家の星」とか「私の星」とか決めるのも楽しいですよ。また、実際の星座の名前や形にこだわらずに、自由に形や名前を作ってみましょう。

星座についての神話を調べてみましょう

Q1とQ2で上位を占める北斗七星と北極星は、それぞれ、大熊座と小熊座と呼ばれ、「母と子ども」の星座なのです。古代ギリシャではこの二つの星座の悲しいお話が書かれています。

この他にも、星座にまつわるお話は数多くあります。蠍座とオリオン座のお話、天の川をはさんだベガとアルタイルのお話などは有名です。そのお話を思い浮かべながら、星空を眺めると、より一層、星たちに親しみを感じてくるのではないでしょうか。

夏の大三角から冬の大三角、そして、冬のダイヤモンドへ！

カズヨさんの星座レポートは「夏編」で「夏の第三角」が書かれていました。左の図は、「冬の大三角」と「冬のダイヤモンド」を表したものです。

冬の夜空を眺めて、「冬の大三角」の星座を探してみましょう。

オリオン座のベテルギウス、子犬座のプロキオン、そして、全天で最も明るい星の大犬座のシリウス、みなさんも、夜空に大きな三角形を自分の指で描いてみましょう。

そしてもう一つ、この冬の大三角が描けたら、「冬のダイヤモンド」に挑戦しましょう。

夜空で描くのは、図のように冬の大三角を見つければ簡単です。冬の大三角の一つのシリウスから斜め左上に、もう一つの冬の大三角のプロキオン、そこから上に進んで双子座のポルックス、斜め右方向の頭の真上の方に進んで御者座のカペラ、斜め右下の方向に進んで牡牛座のアルデバラン、そして、少し斜め左に下がって進んでオリオン座のリゲルに戻るこの六つの明るい星は、冬の夜空をダイナミックにダイヤモンドの形で輝いています。

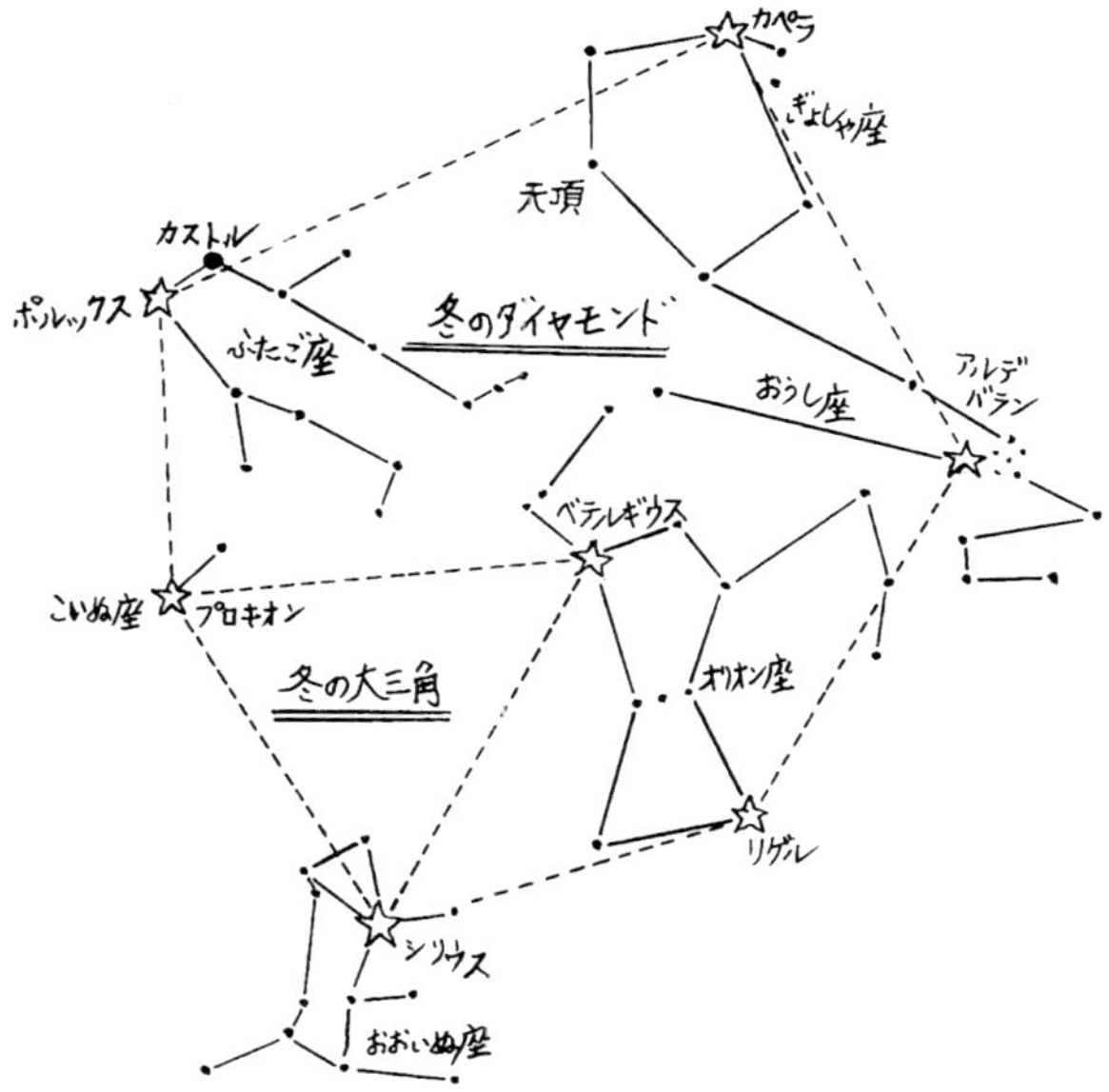

気付いたことをメモしておこう

夏の星座

冬の星座

17 ハトの巻

身近な親しみのある鳥　ハト

お寺やお宮、そして、公園など、ハトはどこでも見られる私たちにとって身近な鳥です。

ハトに出合うと、いつも誰かが餌をあげている光景を見ることができます。

小さい子からおじいさんやおばあさんまで、男の人も女の人も、いろいろな人がたくさんのハトに楽しく喜んで餌をあげています。中には、そばで餌を売っているところもあります。

みなさんも、一度はハトに餌をあげたことがあるのではないでしょうか。

手のひらに餌を載せたり、自分の足下に餌をまいたりすると、ハトは怖がらずに群れて飛んできて、一生懸命にその餌を食べてくれます。その姿こそ、誰もがハトに優しい心で接していける理由ではないでしょうか。

ユウイチさんは、近くの公園でハトの観察をしました。調べたことは次の通りです。

①からだのつくりはどのようになっているかな？
②歩く時は、足をどのように動かすかな？
③餌をどのようにして食べるかな？
④飛び上がったり着地したりするときは、どこをどのように動かすかな？
⑤その他にどんな動きをするかな？

餌に群がるハト、カラスの登場、いろいろな動きやからだのつくりが発見できます

餌に群がるハト

いろいろな方向を見て…

突然カラスが！

何とかカラスから…ひと安心

カラスと距離を置いて警戒

再び餌を食べ始めました

観察から多くのことが分かりました。次にその一部を述べます。

①指をうまく開いたり閉じたりして、歩いたり木に止まったりする
②くちばしでうまく餌をくわえて、首を上下させてのどに入れる
③飛ぶ前に足を細かく動かして走り込み、羽を思いっきりはばたかせて飛ぶ
④飛ぶときとは反対の羽の動かし方で着地する
⑤他にも座ったり、羽づくろいしたり、水を飲んだり、いろいろな動きをする
⑥カラスが飛んでくると、距離を取って、警戒しながら行動している

くちばしを水につけたままで水を飲むことができる！

ユウイチさんの観察した⑤の中で、特に興味深いハトの特徴があります。どんなことか分かりますか。それは、「ハトは、水を飲む時に水にくちばしをつけたまま飲むことができる」ということです。

スズメやカラスなど、ハト以外の鳥の仲間は水を吸い込むことはできず、いったん上を向いて流し込むようにして飲みますが、ハトの仲間だけは下を向いたままで水を飲むことができるのです。しかし、それが何故かは分かっていないのです。

みなさんの知っている鳥は、どのようにして水を飲みますか。きっと、水を口に入れると、首を上げてのどに水を流し込むような動作をするのでしょう。

身のまわりの動物の何気ない動作の中に、他の動物にはない特徴を発見できることがあるのです。

古くから人間に利用されていたハト！

ハトは、今から五千年前のエジプトでも飼育されていたようです。

この頃から、ハトの「長い飛行に耐えられること」や「遠くまで運んで行って放しても、もとの場所に正確に自力で帰ることができること」などの能力が知られていて、人々は手紙を運ぶことに利用していました。このハトのことを「伝書バト」といいます。

中には1000kmの道を帰る伝書バトもいます。

人間に飼われるハトは、この「伝書バト」以外には、「鳴き声を楽しむハト」と「飛行の巧みさを見て楽しむハト（「曲芸バトともいいます）」があります。

世界中には約300種のハトが存在します。このうち日本で繁殖しているのは野生のハトはキジバト、アオバト、シラコバト、カラスバト、ベコバト、キンバトの6種類です。始めに紹介した身のまわりで見られるハトはドバトといって野生のハトとしては分類されていないのです。

気付いたことをメモしておこう

同じ背景に 自然の移り変わり を書き続けよう

いつも私は話の中で「同じ自然を、継続して、粘り強く、観察し続ければ、その変化がはっきり見えてくる」ということを言っています。

自然地図の作り方にはいろいろあります。

一般的には、変化しそうな自然の景色を一つ決めて、観察したりスケッチしたりして、変わらないことや変わったことを記録します。

アサコさんは、毎月1回、次のような手順で、自分の自然の地図を作りました。

①自分がいつも見慣れている景色を組み合わせて、自然地図のテーマと背景を考える

②各月の終わりから次の月のはじめにかけて、一ヶ月に見た生き物を思い出して、地図に書き入れる

③各月で気がついたことを文で説明する

アサコさんは、「庭から見える生き物」というテーマで自然地図を作りました。図1はその中の5月と10月の自然地図です。

10月の地図でアサコさんは、次のように多くのことを見つけています。

①アジサイやザクロなどの木や庭の花は、実になったり、枯れてしまったりしたものが多い

②モンシロチョウやアゲハチョウは見られなくなり、シジミチョウだけが庭を飛んでいる。数は少ない

③トカゲやカエル、ダンゴムシ、ハサミムシ、アリなどは、土の中や石の下などに移動して、見られなくなってしまった

④電柱に止まる鳥は少なくなり、空には赤とんぼがたくさん飛んでいる

⑤生き物が減ってきたのは、気温が下がったり、食べ物となる生き物が減ったりしてきたからだ

ワタルさんは、毎日、家から学校まで歩いて行く通学路の景色から生き物をもとにして「通学路の自然地図」を作りました。

次のページの図2は、その中の5・8・11月の地図です。大きな木、フェンス付近、田んぼ、石のまわりや川など、いくつかの景色を組み合わせながら、見つけた生き物の月ごとに変化する様子を見事にとらえています。

（図1）

(図2)

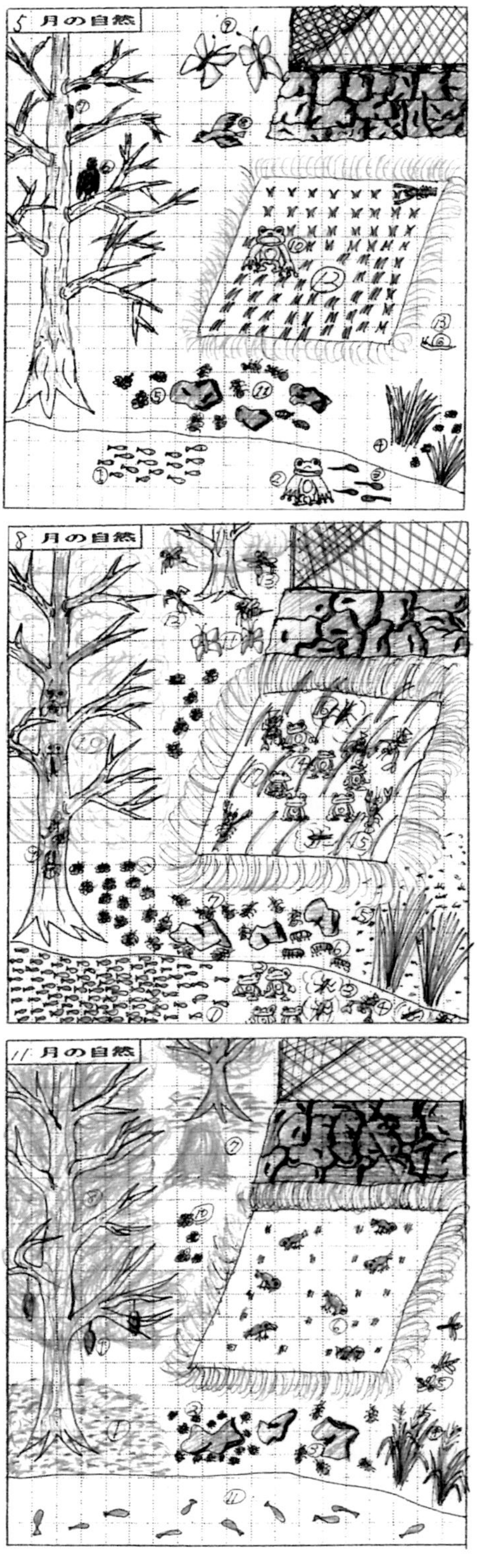

「お気に入りの自然観察コース」を歩いて、「四季折々の自然観察図鑑」を作りましょう！

マキさんは、夏休みに、家の周りのお寺や公園、池や川、田畑や堤防、そして家の中などに見られる生き物をまとめて、図3の「身のまわりの生き物地図」を作りました。そして、この地図をもとにして、夏休みに何度も家族で散策して、今ではマキさん「お気に入りの自然観察コース」になっています。みなさんも、アサコさんやワタルさん、マキさんのように「お気に入りの自然観察コース」を近くにつくって、季節の移り変わりを発見して、「四季折々の自然観察図鑑」を作ってみましょう。

作り方の手順を説明します。

①春から冬まで四季の変化を観察するために、「お気に入りの自然コース」から「自分の景色」を決めましょう。「自分の景色」は、観察コースの中の一つの景色でも、組み合わせた景色でもいいですね

②それぞれの季節の様子をスケッチしたり、写真を撮ったりしましょう。組み合わせて作ってもいいですね

③スケッチしたり、写真を撮ったりしたものについて、図鑑やインターネットなどで調べたことも加えましょう

④スケッチや写真、図などで作成した季節の様子を文で説明しましょう

⑤次の季節がどのように変化するかについて、予想して書きましょう

(図3)

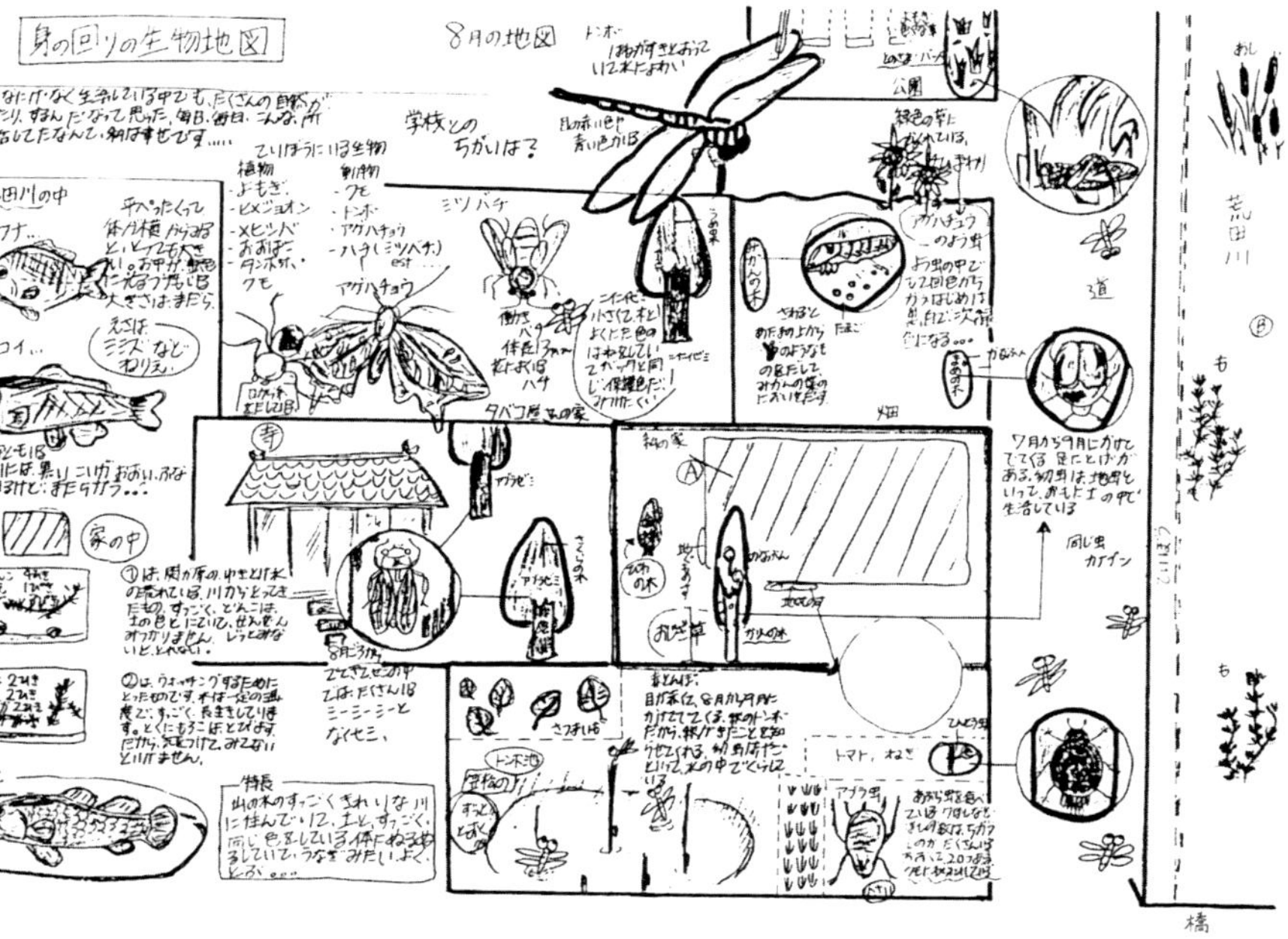

気付いたことをメモしておこう

四季折々の自然観察図鑑　春

春を紹介しよう！

夏にはどのように変化していくかな？

四季折々の自然観察図鑑　夏

夏を紹介しよう！

秋にはどのように変化していくかな？

四季折々の自然観察図鑑　秋

秋を紹介しよう！

冬にはどのように変化していくかな？

四季折々の自然観察図鑑 冬

冬を紹介しよう！

春にはどのように変化していくかな？

19―イヌ・ネコの巻

イヌとネコ、あなたはどちらが好きですか？

雑誌の中にも「あなたはイヌ派？ネコ派？」などと比べられているほど、イヌとネコは、私たちに最も親しみのある動物です。

家畜化されたのは、犬の方が早い

イヌの祖先は、以前から、オオカミにジャッカルの血が混じってできたとする説や、野生犬の存在があったのではないかという説など、いろいろと考えられていました。

しかし、現在は、祖先がオオカミとする説が一般的であるようです。

イヌは、今から約一万年前から、人間に家畜として使われていました。それ以後、種類によって、労働犬、猟犬、愛玩犬、その他いくつかに役割に応じて分けられて、人間生活の多くの場で付き合ってきました。

ネコが初めて家畜化されたのは、古代エジプト時代の頃です。

現在、私たちが飼っているイエネコの祖先は、中東の砂漠などに生息していたリビアヤマネコであるといわれています。

イエネコは、古代エジプト時代では太陽の使いとして崇拝され、ミイラにもされました。イエネコの瞳が、太陽の回転で変化し、夜太陽は、光る猫の眼を通して下界を見ていると考えられていたからです。

ヨーロッパでは、初め穀物をネズミから守る動物として法律で保護されていましたが、中世になると、魔女の迷信と結び付けられて、迫害されたこともありました。

いろいろな特徴を調べてみよう

イヌとネコは、どこが違いますか？ とたずねられたら、あなたはどのように答えますか。

「鳴き声が違う」、「暗くなると、猫の眼は光る」、「ネコは高いところから落としても、うまく着地する」、「イヌのオスは足を上げておしっこをする」、「ネコのひげは長い」など、いろいろな特徴を答えることができるでしょうね。

「イヌのオスは足を上げておしっこをする」のは、生後8～9カ月頃からです。小型犬や中型犬の9カ月は人間でいえば12歳くらいなので、結構大きくなってからですね。

その理由は、

①メスの鼻に近いところに男性ホルモンをかがせるため

メスの発情期（オスと仲良くなりたくなる時期）は生後8～9カ月頃からであるといわれています

②おしっこをする時に、自分のおなかを汚さないため

③他のイヌに対して、なわばりを主張するため

おしっこをして、この場所は自分のものであることを示すのです

④自分の高まった感情を鎮めるため

緊張感が高まると、おしっこをしたり、おしっこがでなくてもおしっこをする格好をしたりすることがあります

など、いろいろいわれています。

「ネコのひげを切るとネズミを捕らない」といわれます。

ネコのひげは触毛といって、顔中にはえてまわりの様子をひげの先で感じ取ります。

身を隠しながらネズミを追うネコにとって、ひげを取られるとまわりの様子が分かりにくくなって、ネズミが捕れなくなるようです。

身のまわりのイヌやネコを見つめてみよう

カコさんやテツヤさんは、自分の家で飼っているイヌやネコの様子をいつも写真に撮影しています。その一部の様子をみんなに紹介してくれました。

この写真から、2人のイヌやネコとの日常の温かいふれあいの様子が感じ取れます。

みなさんも、自分の家やご近所のイヌやネコを、もう一度見つめてみましょう。

カコさん家の人気者 ぷちの成長記録

家にやってきたばかりの「ぷち」に、
住人？のセキセイインコの「ピク」が挨拶しています

いい眺め
だよ～

金華山展望台

いない
いない…
ばぁ！

登山途中のリュックサックの中で

テツヤさん家の人気者 きいちゃん

このカバンはボクのおもちゃ

1日、時間は長いニャァ

涼しいアルミ鍋、お誕生日に
買ってもらっちゃった！

気付いたことをメモしておこう

水族館の魅力は何ですか

水族館、
みなさんも行ったことがあるでしょう。
さて、水族館の魅力って何でしょう。
水族館は、動物園と違って、
大小いろいろな大きさの水そうの中で、
水の中に生息する生き物の観察ができます。
水の中に潜らないと見ることができない
素敵な世界を見ることができますね。
また、動物園と同じように、
めったに見られない
日本、そして、世界中の生き物に
触れ合うことができます。

いろいろなプログラムに参加しよう

水族館に行ったら、まずはじめに掲示板、パンフレットやガイドブックなどで、館内のプログラムを調べましょう。見どころや分からないことは、スタッフに聞いてみましょう。

水族館には、次のようにたくさんのプログラムが準備されています。

●ポイントガイド
水族館のスタッフが、水そうや施設の前で、魚の生態や習性などをお話ししてくれます。分からないことはどんどん質問しましょう。

●フィーデングウオッチ
餌を食べる様子を観察しましょう。最近の動物園や水族館には、餌を与える時間や餌の内容が、その動物がいる場所に掲示してあります。ぜひ、時間を覚えておいて、餌を食べる様子を観察しましょう。からだのどのような部分を使って、食べているのかについても観察しましょう。

●バックヤードツアー
水族館の裏側をスタッフが案内してくれます。普段見ることができない水族館の裏側を見ることができます。飼育するための苦労話も聞けます。館内で展示してある以外の多くの魚の飼育、常に体調管理するシステム、エサの調合や保管方法なども学べます。

●体験プログラム
タッチプールなどで触ったり、実際に採集したり、ものをつくったりするなど、いろいろな水族館独自のプログラムがあります。ナイトツアー（夜の水族館）も開催されているところもあります。

●企画展や特別展
定期的に特別展が開催されます。季節や行事に応じた展示が工夫されているところもあります。

これらは、動物園でも行っていますから、ぜひ見学したり、体験したりしてみてください。

水族館でも、「動物園に行こう」でも紹介したメモ用紙やスケッチブック、双眼鏡、カメラやビデオなどを準備しておくと、より深まった体験ができます。

それぞれの水そうには、いろいろな魚の紹介が写真とともに、掲示されています。一つ一つの魚を見つけてみるのも楽しいですよ。見つけたら、横からだけでなく、前や後ろから見るとどのように見えるのかも観察して、からだのどの部分を動かして、どんな行動をしているか記録してみましょう。

世界淡水魚園アクア・トトぎふの紹介

水族館の建物

岐阜県各務原市にある「世界淡水魚園アクア・トトぎふ」には、世界中の淡水魚が集められています。初めに岐阜県の清流、長良川が紹介されています。上流域のイワナやアマゴ、中流域のウグイ、オイカワ、コイやフナ、下流域の河口近くの汽水域（海水と淡水がまじりあう水域）のスズキ・ボラやハゼ、上流で生まれて海に下り再び川に戻るサツキマス、岐阜県の魚のアユなど、日本の原風景を再現した水そうに、多くの淡水魚が展示されています。さらに、絶滅が心配されている希少な魚（イタセンパラやハリヨなど）や魚以外の水辺にすむ動物も展示されています。中でも、世界最大級の両生類、特別天然記念物のオオサンショウウオは大人気です。北海道のイトウ、中国地方のオヤニラミなど限られた地域にしか生息しない魚種も紹介されています。

サツキマス
上流に生息していたアマゴが海に下り、大きくなって、翌年、サツキの花が咲く5月の頃に、川をのぼります。

日本以外では、メコン川、コンゴ川、タンガニーカ湖、アマゾン川などの世界中の生き物を飼育・展示しています。

大きい魚から小さい魚、色鮮やかな魚からシンプルな色の魚など、多くの種類の魚が泳いでいます。魚だけでなく、植物や水辺の様子なども配慮して、一つの生態系としての展示が工夫されています。

見学アルバムをつくろう

あなたなら、どんな魚や展示方法に興味をもちますか。いくつか集めて、オリジナルなアルバムを作りましょう。

「アクア・トトぎふ」で作成したアルバムの一部を紹介します。

テーマ水そう「おさかなひなまつり」、水中におひなさまを飾って、そのまわりをいろいろな熱帯魚が泳いでいます

アマゾン川にすむいろいろな魚の水そう。どんな名前かな。説明板で調べてみましょう

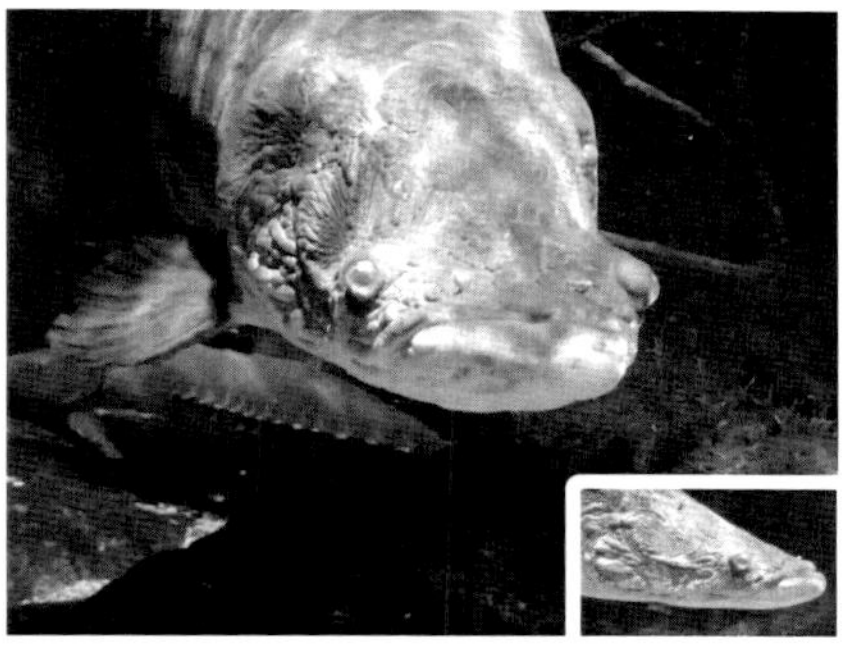

全長 6,516km、流域面積 705 万㎢（世界最大）のアマゾン川に生息する世界最大の巨大魚ピラルクーの顔。4mで200kg の大物もいるそうです

屋外にある「餌やり体験」。餌をあげた途端、数十匹の魚（主にウグイ）が集まり、水面に顔を出すものもいます

コンゴ川の水そう。群れて泳ぐのは、オノダクチィス・セベエ。ニシアフリカコガタワニも人気者です

アマゾン川の水そうで泳ぐピラルクー（左）とコロソマ（右）。コロソマも大きいものでは１ｍを超えます

コンゴ川にすむタイガーフィッシュ。2mで70kg 近くにもなります。この写真を見学前に見せて…

楽しい見学を考えましょう！

水族館だけでなく、いろいろな場所を学校などで見学するときには、事前調査、実地踏査といって、先生方は、引率する前に見学場所の下見をされます。

その時、いろいろな水そう全体や魚の写真を事前に撮ったり、説明板をもとにした問題を考えたりして、「学習プログラム」を作っておくといいですね。

例えば、先ほどのアルバムのようにして、見る前に見せて、「これはどこの水そうでしょう」「この魚の名前を調べましょう」などとクイズを作っておくだけでも、ゲーム感覚の見学になって、より一層興味や関心がわくことでしょう。

以前、私が勤務した学校で、アクア・トトの見学をした時、水そうや魚たちに関する簡単な問題、そして最後に、「あなたのお気に入りの魚ＢＥＳＴ３」と「あなたのお気に入りの水そうＢＥＳＴ３」などを記述させました。子どもたちは、他の学校よりも2倍も3倍も時間をかけて魚を見たり、掲示板を読んだりして、見学していました。

ご家族で見る時でも、以前に行ったのであれば、その時に作ったアルバムや写真を見ながら、同じ水そうや魚を探すと楽しい見学になるでしょう。

初めての時でも、子どもに簡単に解ける問題を作って出してあげるのもいいですね。

水族館の見学アルバム

気付いたことをメモしておこう

21 「絵本や紙芝居を作ろう」の巻

身のまわりの観察をした生き物をもとにして絵本や紙芝居を作ってみませんか。
今回は、私が作った絵本を紹介します。
私は、何かを書いたり作ったりするときは、次の手順で行います。

①
内容について、ひらめいたり、気が付いたりしたら、すぐに文字で書き留めておくことです。書いておかないと忘れてしまうことが多くあります。そのために、いつもメモ用紙やノートなどを持ち歩くことです。絵から考える人、お話から考える人、同時に考える人など、それぞれ進め方は違います。

②
書き留めたメモをもとに話を組み立てます。一度ではいい考えは浮かびません。週1回程度考えてみて、また次の週に考える、という手順で時間をかけて考えましょう。初めから順序良く考えていけるわけではありません。途中で入れてみたくなったり、順序を入れ替えてみたくなったりとさまざまな考えが浮かびます。

③
できあがった内容を家族や友達に紹介しましょう。読み聞かせなどでやってみるのもいいですね。終わったら、意見や感想をいただきます。自分自身で考えているイメージとは違った意見や感想はとても参考になりますし、次に作るときのアイデアもたくさん浮かんできます。

ここでは、私が作った、「**チカさんとモンシロチョウ**」のお話を紹介します。

1.

2.

ある日の夕方、チカちゃんはお庭の葉っぱの上にモンシロチョウが羽根を広げてとまっているのを見つけました。

でも、モンシロチョウはじっとして動きません。

チカちゃんは、

「モンシロチョウさん、死んでしまっているのかなぁ・・・」

と思いながら、モンシロチョウをよーーく見ると・・・

かすかに足を動かしているではありませんか！

3.

「生きてるぅーーー！」

チカちゃんは大喜び！お母さんの所に行って、

「お母さん、モンシロチョウさんが元気ないの。どうすればいいのかなぁ・・・」

とお話しました。お母さんは、

「モンシロチョウさんは、甘い汁が好きだから、砂糖水をあげたら元気になるかもしれないわね」

と教えてくれました。

4.

チカちゃんは、ティシュペーパーに砂糖水をすわせて、葉っぱの上に置き、その上にそーーーっとモンシロチョウをのせました。

しかし、なかなか元気に動きません。チカちゃんはとても心配になりました。でも、しばらくたつと、丸まった口をティッシュペーパーの方に近づけて飲み始めたようでした。
もう外は暗くなりました。チカちゃんの寝る時間です。

5.

「モンシロチョウさん！たくさん飲んで、元気になってね！」
とチカちゃんはモンシロチョウに話しかけて、ベッドに入りました。でも、
「ちゃんとお砂糖水を飲んでいるのかなぁ。元気になっているかなぁ?」
などと考えてなかなか眠れません。

6.

次の日の朝です。

「お母さぁーーーん！」

お母さんは、チカちゃんの大きな声に驚きました。

「チカがモンシロチョウさんを見にいったらね。モンシロチョウさんがチカの胸に止まったの。そして、すぐにお空に元気に飛んでいったよ！やったぁーーー。」

お母さんはにこにこしていました。

「きっとチカが、モンシロチョウさんのことを心配していたから、チカちゃんありがとう！元気になりました！これから旅に出かけます！って、お礼を言って飛んでいったんだね！」

お母さんとチカちゃんは顔を見合わせて、思わずにっこり笑顔でした

7.

次の日です。チカちゃんは、おねえさんとお母さんと、南知多ビーチランドに行きました。
ペンギンさんに餌をあげたり、ゾウアザラシさんとにらめっこしたりして楽しいひとときです。

8.

そして、お楽しみのイルカのショータイムです。そのときです。

「あっつ！」

とチカちゃんは叫びました。

「お母さん見て！モンシロチョウさん！」

お母さんとおねえさんは、チカちゃんの指さす方を見ました。すると、イルカショーをするプールの上を一匹のモンシロチョウが元気に飛んでいきました。

「元気になったモンシロチョウさんかなぁ・・・」

とチカちゃんが言いました。でも、すぐに
「こんな遠くにまで、飛んできたのかなぁ」

と思いました。

9.

「ひょっとしたら、チカの背中や頭、リュックサックの上などにこっそり止まって、一緒にここまで旅をしてきたのかもしれないわね・・・」
とお母さんが言いました。

このお話を読み聞かせ風にお話しする時は、1枚目の表紙を使って、

初めの時には、

「チカちゃんとモンシロチョウ、えとぶん、いく、はじまりはじまり〜」

と言って始め、

おしまいの時には、もう一度表紙を見せて、

「今日は青空！とってもいい天気です。チカちゃんは思いました。『モンシロチョウさん！元気に旅をしてね。そして、また会いましょうね』って！」

と言って終わります。

枚数は2枚でも3枚でもいいのです。まず、作ってみることです。

ぜひ、みなさんも挑戦して、いろいろなところでお話ししてみてください。

気付いたことをメモしておこう

22ー街路樹の巻

身のまわりの道路には、いろいろな種類の街路樹が植えられています。

ヨウスケさんは、街を歩いていて、「なぜ街路樹があるのかな？どんな役割をするのかな？」と疑問に思って、夏休みを利用して、街路樹のはたらきについて調べてみました。

街路樹のはたらきは何だと思いますか？

学校の友だちや近所の人90人に聞いてみました。その結果は次の通りです。

ア．空気をきれいにする……50人
イ．街の緑化、心を和ませる……49人
ウ．日陰をつくり、気温を和らげる……23人
エ．騒音を和らげる……15人
オ．動物や鳥のすみかになる……8人
カ．その他
（地盤補強、防風作用など）……8人

この中で、ア、ウ、エについて調べたことを紹介します。

どのくらい空気をきれいにするのか

街路樹についている砂や泥、その他の物質の量を調べました。

調べる方法は、次のように行いました。

① 街路樹を採集して、バケツなどの中で、葉を洗う
② 葉を洗った水をろ過する。ろ過する前には、ろ紙の重さを量っておく
③ ろ紙を乾燥させて水分をぬく
④ 乾燥したろ紙の重さを量る

⑤（④の重さ）－（②のろ紙の重さ）から、ろ紙の増えた重さを調べる。この増えた重さが、葉についていた物質の重さになる

その結果、イチョウの葉250枚で0.7g、プラタナス250枚で0・35g、シダレヤナギ100本で0.3gなど、それぞれの場所でほこりやごみが付いていました。街路樹は空気をきれいにしていました。また、シダレヤナギは近くに電車が通っているので鉄粉が付いているなど、場所によって葉に付いている物質が違うことも分かりました。

どのくらい気温を和らげるのか

街路樹のある場所とない場所の気温の違いを調べました。

結果は左の表の通りです。

木の種類	街路樹あり	街路樹なし
プラタナス	34.5℃	38.5℃
イチョウ	33.8℃	35.9℃
シダレヤナギ	29.8℃	31.3℃
ナンキンハゼ	32.0℃	35.8℃

街路樹の有無と気温の関係

街路樹によって、気温が和らげられることが分かりました。

この他にも、それぞれ、一日の気温の変化を調べたら、街路樹がある場所は5.8度、街路樹がない場所は12・2度でした。街路樹によって熱の出入りを防ぐからではないかと考えました。

どのくらい騒音を和らげるのか

市役所に行って騒音計を借りてきて、下の図のように、街路樹のない車道から5m離れたポイント（P）、街路樹のある車道から5m離れたポイント（Q）で、音の大きさを5秒ごとに調べ、1分ごとの最高値を出しました。PとQの間隔は10mです。

それぞれ異なる場所Aと場所Bで6回ずつ計測してみました。

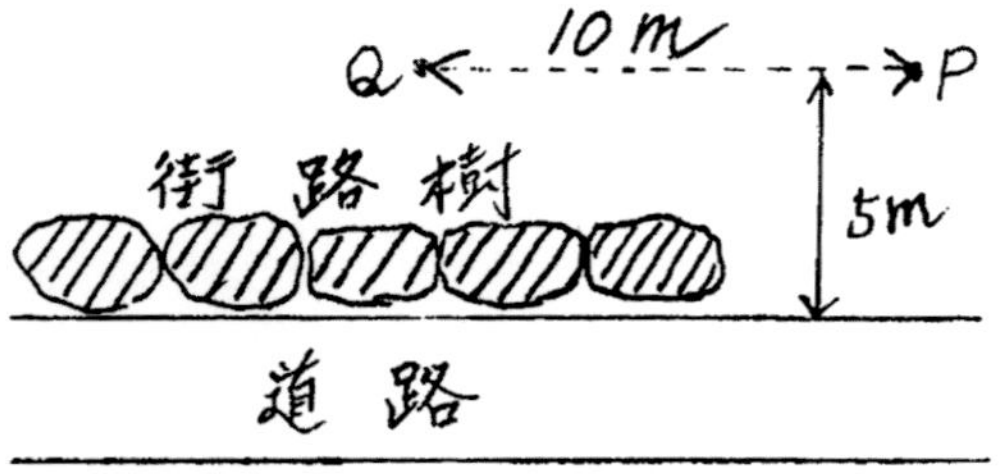

騒音を同時に測定する方法のモデル図

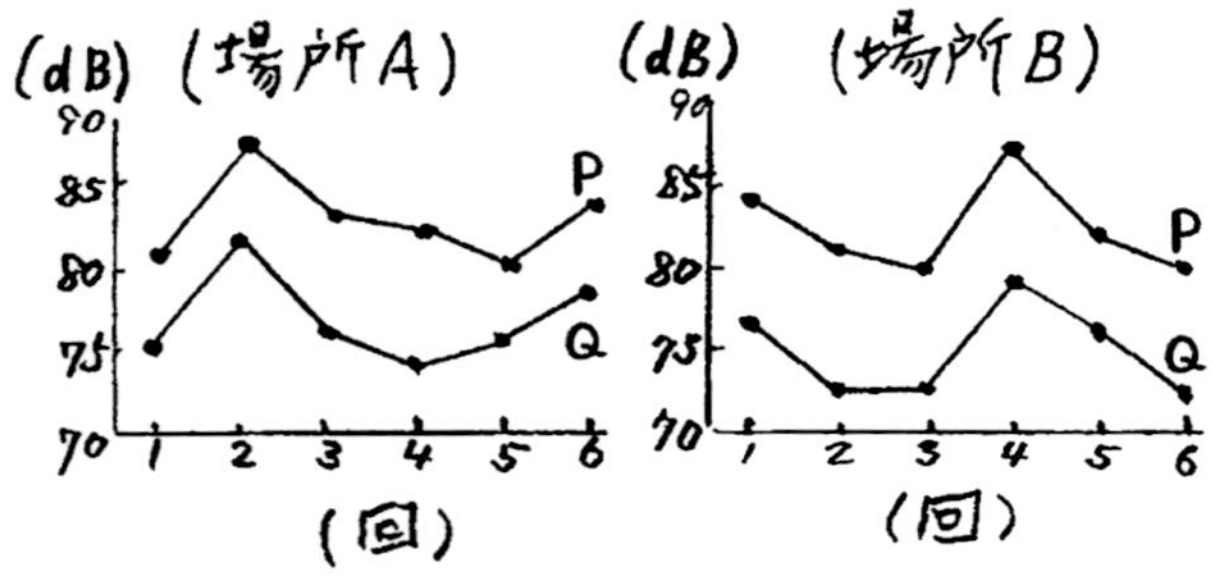

街路樹の有無による騒音のちがい

その結果、グラフが示すようにA地点、B地点とも、街路樹によって、5～8デシベルの音が和らげられていることが分かりました。

これは、街路樹が騒音をさえぎったり、細かい枝や葉が音を吸収したりするはたらきをするためです。

一般的には、樹木の音を和らげる効果は、樹木の種類にもよりますが、葉のつき方や樹形にも関係すると考えられています。地表近くから葉が茂っているサンゴジュや、上の方に葉が付くプラタナスなど、樹木の特徴を生かして植えることも大切であるといわれています。

お気に入りの街路樹の風景がありますか?

みなさんのまわりにもいろいろな街路樹が植えられて、すてきな景色がつくられていると思います。

お気に入りの街路樹の風景を選んで、スケッチしたり、写真を撮ったりしてみましょう。

これまで、いくつかのお話で紹介してきたように、季節の変化も観察してみましょう。

どのような花が咲くのでしょう。

どのような実がなるのでしょう。

どのような生き物がやってくるのでしょう。

どのように紅葉するのでしょう。

冬には葉が落ちますか。

など、いろいろと見つけることができますよ。

ぜひ、見守り続けて、気が付いたことや見つけたことを書き留めてみてください。

気付いたことをメモしておこう

あなたのお気に入りの街路樹

春〜夏のスケッチ・写真

◆花、実、葉の様子などを書いておこう

あなたのお気に入りの街路樹

秋〜冬のスケッチ・写真

◆花、実、葉の様子などを書いておこう

おわりに

「母と子ども」に連載させていただいたのは、岐阜大学教育学部附属中学校で勤務していたときでした。当時の市川康平副校長は、時々、午前中に「小椋さん、この○○について、教えてくれませんか」といろいろな動植物について、質問されました。

数カ月続いたある日、先生に呼ばれて副校長室に行くと、小冊子を見せていただきました。これが「母と子ども」との出合いです。そして、先生は、こう話されました。

「この中に自然や生き物の話を、毎月1回、小学校4年生がわかる文章で、写真や図も入れて書いてみませんか」、「あなたは、私が質問したことをその日のうちに調べて持ってきてくれたから、書けるはずです」

毎月、先生は、私の拙い文章を付加・修正してくださいました。提出期限までに何回も何回も修正したこともありました。（直しが少ない時は、うれしく感じたものです。）

私が、質問されたことについて、素早く対応できたのには理由があります。教員1年目に、小学校教育実習の指導教員であった野村俊朗先生（当時、岐阜県教育センター勤務）に「濃飛植物研究会」に入れていただきました。月に一度開かれるこの会は、理科の先生たちによる県内の自然観察の会で、開催日は終日、自然の中での植物や動物に関する質問タイムとなりました。先輩の先生方は、私が何を聞いても教えてくださり、次の週にくわしく調べて私の学校に連絡いただいたことも何度もありました。

先生方の対応に感動した私は「どんな質問に対しても、すぐに調べて答える。そうできるためには、常に情報収集、つまり、多くの自然体験をし続ける」ということを胆に銘じました。現在は、インターネットなどで検索すれば、ほとんどわかります。しかし、実際の体験に裏打ちされた内容は、質問する側の興味や関心をさらに高めたり深めたりすることができるように思います。

自然の観察をするためには、まず外に出ることです。

見たり、聞いたり、においを嗅いだり、さわったり、いろいろなふれあいを楽しんで、気が付いたことやわからないことを書き留めておくことです。その中で、素晴らしい自然の仕組みに出合うことができるのです。

私自身もこれからも身のまわりの自然をちょっぴりくわしく見続けていこうと思っています。

最後に、この本を作成するに当たって、私とともに自然の観察をしてくれた子どもたちや先生方に感謝いたします。そして、ご尽力いただいた株式会社岐阜新聞情報センター出版室並びに株式会社リトルクリエイティブセンターには厚くお礼申し上げます。

小椋　郁夫

小椋 郁夫　（おぐら・いくお）

名古屋女子大学文学部児童教育学科教授。昭和50年4月、岐阜県本巣郡弾正小学校に赴任して以降、岐阜県内の小中学校や教育委員会などに勤務。関市立武儀中学校校長、岐阜県伊自良青少年自然の家所長、岐阜市立梅林小学校校長などを歴任し現在に至る。ほかに日本生物教育学会会員、岐阜県環境影響評価審査会委員など。文部科学省関係では、中央教育審議会初等中等教育分科会教育課程部会中学校部会委員などを歴任。

教職員、教職をめざす学生、そしてご家庭のみなさんへ

身のまわりの自然
ちょっぴりくわしく見てみよう

発行日	2019年7月14日　第2版 第2刷
著　者	小椋郁夫
発　行	株式会社岐阜新聞社
編集・制作	岐阜新聞情報センター 出版室
	〒500-8822 岐阜市今沢町12
	岐阜新聞社別館4階
	TEL 058-264-1620（出版室直通）
印刷所	岐阜新聞高速印刷株式会社

価格はカバーに表示してあります。
落丁本、乱丁本はお取り替えします。

ISBN978-4-87797-268-4